U0054439

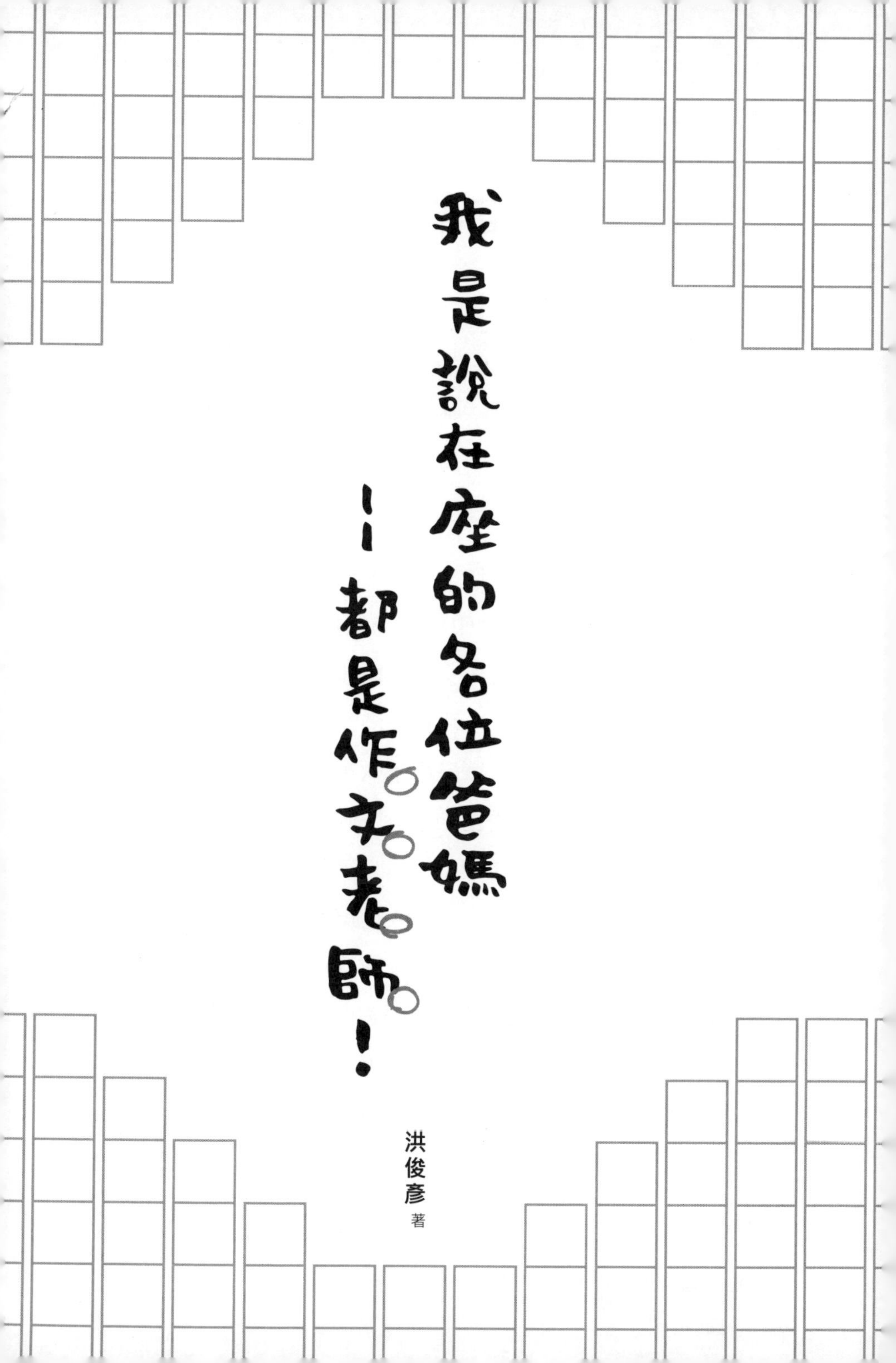
我是說在座的各位爸媽
——都是作文老師！
洪俊彥 著

推薦序

我的爸媽沒有教過我作文，也不記得小學時候老師如何教我們寫作文。很模糊的印象，老師把作文題目寫在黑板上，好像就等著我們寫完作文，交給他批改；還是，他有教我們，只是我忘記了而已。我在香港長大，小時候住在一個很鄉下的地方叫西貢。大概是小學六年級的時候，有一天的作文課，老師就說：「『香港節』有一個徵文比賽，你們所有文章都拿去投稿。」現在回想：「西貢只有兩個小學，我們的小學是其中之一，所以沒什麼人投搞吧。」

香港節終於到來，一天黃昏，在西貢市區，我看見我的文章貼在牆上，得了獎，獎金20塊港幣。我小學不念書，成績很差。作文的得獎是我最大的成就。現在又回想：「我小學雖然不念書，卻看了不少課外書，寫出來的東西，如果有人看得懂，可能跟這個有一點關係。」之後有關寫作的經驗，主要是念研究所寫碩士和博士論文，也包括投稿研討會或期刊的文章，都是用英文寫的。對於寫作這回事，我是有點興趣多了解一點。

俊彥是中央大學中文系碩士畢業，作文一定有非常扎實的訓練，而且教了10年作文，對於我這種沒有接受過傳統作文訓練的人來說，當他請我寫序的時候，我好奇他怎麼教的。

我本以為從俊彥教的內容，可以了解多一點華人老師的正統教作文方式，結果相當意外，發覺很多新穎方式，相信不少是俊彥自創的，特別是使用各種寫作工具，例如心智圖、百分比圖、路線圖等圖表及各式表格，結合生活內容，並融入品格教育，也讓學生之間回應各自的文章。原來寫作可以有這麼多不一樣的方式。

我特別喜歡這本書帶領家長如何引導孩子以生活周遭的事情做為題材，一同完成作文。寫週記，是最基本的敘述文；寫說明書，是嘗試創作生活中我們沒有注意卻又遇到的說明文；寫計畫書，可以訓練孩子規劃有紀律的生活與學習，甚至磨練意志；製作路線圖，讓孩子建立方向感與地理觀念；規劃遊記，讓孩子一起參與家庭活動的規劃，讓他們對旅遊更加期待且經驗更為深刻；寫企畫書，讓孩子有計劃地跟家長提案並執行，目的是得到自己想要的東西，而不是靠哭鬧加打滾。

孩子長大一點，很多都不願意跟父母在家裡一同做事情。所以，我鼓勵趁孩子們還小，還依靠著父母的時候(這段時間也不長)，家長要多陪伴他們，特別是陪他們閱讀書籍，紙本的書籍而不是電子書 (如果在這段期間陪他們滑手機就慘了)，當然，也要常常與他們一起聊書。現在，有了這本書作為工具，除了閱讀與聊書之外，也多了一個與孩子有更深入互動的方式——引導或合作寫作。

國立中央大學網路學習科技研究所講座教授

陳德懷

2019.09.08

目次

推薦序／陳德懷……002
前言……011
本書的主張……017
本書使用說明……027

教學本

第一篇 ---基本敘述

一、週記：大事、小事、瑣事、沒事……把一件事寫好寫滿，就是好週記……034

· 週記，或日記，是學校最常出的作業。但孩子不是寫流水帳湊字數，就是想破腦袋卻連一個字都擠不出來，怎麼辦呢？

· 爸媽只要多用一點心，引導小朋友運用「六何法」去觀察身邊的大小事，將它一一拆解，再重新組織，並為它添枝加葉，完成〈六何表〉；那麼，文章的草稿就已經完成囉。最後按表敘述，即使只是一件瑣事，也可以寫得豐富精采呢！

二、說明書：「說」清楚，講「明」白，畫對重點的小幫手……046

· 小朋友作文差，大人好緊張。作文書一本一本買，鈔票一張一張燒，到底有沒有效誰知道？

· 其實，家家都有作文書，而且還不只一本，可能在堆滿雜物的櫃子裡，或是在準備丟棄的資源回收裡，也有可能已經被你丟了上百本。它，就是——說明書。

· 用說明書當作文書，不但唾手可得，還觸手可及；閱讀的同時，一邊親手操作產品，感受力滿滿，寫作力當然提升得快。
· 還在等什麼？快去資源回收桶裡搶救被你丟掉的「作文書」呀！

第二篇---時間感知力

三、作息時間檢核表：善用圖表，藏在時間細節裡的拖延魔鬼通通見光死……062
· 明明上學就快遲到，孩子還在慢吞吞的刷牙、洗臉、整理書包……
· 明明是很簡單的作業，孩子卻一邊寫一邊玩橡皮擦，拖了好一陣子才寫幾個字……
· 大人的火都快燒起來了，小朋友卻還是老神在在地慢慢摸?!
· 你家是否每天都在上演類似的戲碼呢？其實，兒童與成人的時間感知相當不一樣，因此缺乏時間概念，當然不懂得妥善運用。
· 這一堂課，來教爸爸媽媽如何透過簡單的圖表，為孩子打造時間感知，更有效率地運用時間。

四、計畫書：用計畫書鍛造意志，完成壯志，向虎頭蛇尾的人生說再見……076
· 每到放假前或是開學前，孩子是否總是充滿雄心壯志，打定主意要在這個假期或這個學期，完成什麼事呢？又是否最後還是不敵「拖延症」的折磨，到頭來一事無成呢？
· 其實，孩子不是缺乏決心，而是缺乏計畫，不知道如何規畫時間，一步一步來實現計畫。所以，他們總以為時間還很多，晚點開始也沒關係；直到驚覺期限快到了，才後悔莫及。
· 下次，趁孩子心中的那團火還沒熄滅前，一起坐下來，好好地擬一份計畫書吧。讓他理解，如何運用寶貴的每一天來執行任務，邁向目標。既可以打造堅實的規劃力，還能寫出言之有物，深具說服力的文章唷！

第三篇 - - - 空間感知力

五、居家修繕／改善單：空間描寫怎麼寫？就從「抓漏」開始啦！……090

・身為家長的你，是否也要同時兼任工友？換燈管、通馬桶、補牆壁漏洞……樣樣來。然而，縱使你有十八般武藝，也不可能完全掌握居家環境的所有狀況。

・這時候，該派孩子上場了。別讓他成為「親生的房客」，對家裡的狀況不聞不問。利用〈居家修繕／改善單〉建立親子之間的居家問題回報機制，促使他一同參與家庭事務。

・漸漸地，你會發現，不但小朋友們對這個家的向心力會越來越強，他的觀察力、空間感，也會有所提升。——至此，他已經完成空間描寫的基礎練習了。

六、路線圖：「路痴救星」幫孩子建構方向感與地理概念，空間描寫功力再升級……106

・你的孩子是一個打開家門便分不清東南西北的大路痴嗎？

・在網路發達、導航技術先進的現代，路痴還真的是越來越少見了。但是，缺乏獨自上路並使用交通工具經驗的孩子，就算手機在手，恐怕也會被搞得暈頭轉向。

・這個單元，我們運用路痴救星——路線圖，帶孩子們以自家為原點，一步一步拓展他們的地理概念、刺激他們的空間感知。只要成功建構起地理概念與空間感知，小朋友的空間描寫能力便會大幅度飆升唷！

七、遊記：孩子不會寫遊記?!你真的有讓他「參與」旅遊嗎？……121

・孩子寫不出遊記，真的是作文不好？還是根本就「沒參與」旅遊呢？

・下次出遊前，親子一同設計行程，孩子的參與度絕對爆表，不再無感。回家後，藉心智圖或導覽圖組織記憶，靠照片進入情境，還怕寫不出遊記嗎？

· 透過遊記的三階段練習，可培養小朋友的地理概念、組織與規劃能力，並且提升感受力。

· 寫遊記，超有感！不用再唉聲嘆氣……

第四篇 - - - 思考力

八、企劃書：孩子用「一哭二鬧三打滾」的耍賴絕招逼你妥協?! 與其說氣話，不如鼓勵他寫企劃……138

· 當孩子執意要求父母達成他們的願望，並且開始「番」的時候，爸媽千萬要按耐住脾氣，左手按住右手，忍著別一巴掌打下去。

· 此時，正是打造和諧親子關係、培養小孩健全人格的絕佳契機。

· 引導孩子學習使用〈企劃書〉表達訴求，養成理性溝通的習慣，絕對可以化解不必要的衝突對立，並且提升親子關係。此外，他的思考與議論能力也會在撰寫企劃的過程中增強！

九、心得：先別管「閱讀」了，你確定孩子知道什麼是「心得」嗎？……150

· 提到「心得」，就想到「閱讀」，好像非得「閱讀」，才會有「心得」似的。

· 我敢保證，絕大多數小朋友內心一定有一個很大的疑問：「『心得』到底是什麼？」任憑你怎麼解釋，對他們來說還是相當抽象難懂的概念。既然如此，就算讀完了書，相信他們還是寫不出什麼心得來。

· 說穿了，不只是閱讀，日常生活大小事中，只要用心體會感受，都能產生心得。孩子沒辦法從切身的經歷中發掘心得，又怎麼可能讀了一本別人寫的書以後，就憑空冒出心得來呢？

· 其實，只要在平常的親子對話當中，加入一點點巧思，便能刺激小朋友萌生心得唷！

參考書目……171
後記……173

練習本

一、週記……179
二、說明書……186
三、作息時間檢核表……191
四、計畫書……195
五、居家修繕／改善單……200
六、路線圖……205
七、遊記……209
八、企劃書……213
九、心得……215

前言

身為一個作文老師，寫這一本教爸媽如何教小朋友寫作的書，根本就是搬石頭砸自己的腳——如果你們學會了，不就沒必要再送小孩來上作文課了嗎？

但多年教學下來，無法昧著良心不說，我真心覺得：

爸爸、媽媽才是最棒的作文老師！

怎麼說呢？先講一件曾經在課堂上發生的趣事。

那一次的題目是〈回到那一天〉。大多數的小朋友都想回到某一次的旅遊，再體驗一次愉快出遊的感覺；或是回到某一次獲獎的當下，體驗萬眾矚目的快感；也有人想回到以前某一場輸掉的球賽，扭轉戰局。

有一個小女生寫跟姊姊在阿嬤家打架的往事，並表示她很想回到當時，因為「打姊姊很痛快，想再體會一次。」簡單幾句就交代完事件始末，然後坐在那發呆。

當然啦，她如果真的那麼想再跟姊姊打一場架，這麼寫無可厚非。不過看她的反應，顯然是不知道該寫什麼，只好拿一個自己也不是那麼想寫的題材來敷衍一下。

「妳還有沒有其他快樂的回憶，想回去好好享受的呢？」幫她批改作文的時候，我試探性地問她。

她想了一會兒，便開始滔滔不絕地講不久前，全家去海洋生物博物館遊玩的難忘記憶。

那一次的經驗很特別，他們報名了夜宿海生館的活動，席地睡在海底隧道的地板上。睡前，透過隧道的玻璃，看到了浩瀚無垠的海底世界與色彩繽紛的海中生物，就這樣仰望著這一片奇景入眠。——這一刻，讓她印象深刻，好想再回到那一天。

像這樣的孩子，如果光看她寫出來的作文，你會覺得她腦袋空空。不過跟她聊過以後，會發現她其實很渴望跟別人談天，但平常似乎沒有什麼講話的對象。

後來，我有機會碰到她媽媽，跟她說明女兒的狀況，順便勸她可以多跟小孩聊聊，傾聽她內心的聲音。

「沒辦法，」她聳了聳肩，「我也是一個悶葫蘆，不太喜歡講話。」

我終於恍然大悟，原來問題就出在這裡！

我們作文老師，最大的任務就是引導學生寫出心裡的話，再教他們一些技巧來潤飾文字。可是，我們再怎麼引導，畢竟沒有直接參與他們的生活，只能從旁提醒他們可以朝什麼方向回憶、思考。真正參與他們生活，有機會取得「第一手情報」的，其實是爸爸媽媽。

第一手情報，指的是孩子們當下的體會與想法。這些體會與想法通常稍縱即逝。不過，如果爸媽在他們有感的那一刻，和他們談談，讓孩子試著說出自己的感覺。那麼，這些難以捉摸的感觸就會在他們腦海裡面「轉檔」成為語言，儲存起來，從「短期記憶」升級為「長期記憶」；下次寫作時，就可以輕而易舉地從語言再「轉檔」為文字，書寫下來。

這位向我敘述在海生館動人體驗的小女生，幸好全家出遊還是不久前的事，印象仍在。如果再過一段時間，依然沒有人聽她述說呢？這樣一來，這段珍貴的記憶就會慢慢地從腦海中消失，彷彿沒有經歷過，豈不可惜？

這幾年的教學經驗讓我發現：和父母互動越多，時常和父母聊天的孩子，比起親子之間極少互動的孩子，寫作能力明顯好上許多。只要再教他們一些段落組織與文字修辭能力，馬上可以登堂入室，一窺寫作奧妙！俗話說：「師父領進門，修行在個人。」這位領孩子進入寫作殿堂的師父，不該是學校或補習班的老師，應該是爸媽。

但問題來了，爸媽沒受過寫作教學的專業訓練，可能本身也不是那麼擅長寫作，要如何帶小朋友增進寫作能力呢？

其實，用點心思就會發現，生活處處都是寫作題材。這本書，正是要**帶著各位家長，走進你們生活裡的每一個角落，挖掘每一個可以加強文字運用能力的機會，再教你們一點點簡單容易上手的小撇步，自己率領孩子領略文字的魅力**。即使你不擅寫作，還是可以輕易掌握教學訣竅，在日常生活中為孩子打下紮實的寫作基礎。

《未來Family》雜誌針對學測考科「國語文寫作能力測

驗」（國寫）做的專題企劃中，採訪多位大考作文拿到優異成績的學生，發現他們的共同點是「從小父母就積極陪伴、打好閱讀基礎，長大後也持續自發性閱讀。」爸媽光是積極陪伴兒女閱讀，就能讓他們在往後的大考作文中脫穎而出，那如果爸媽更進一步，積極把握每一個運用語言文字的機會，磨練孩子的寫作能力呢？未來他們取得的成果會不會更可觀？

別再苦惱該送小朋友去哪一間作文補習班了。放下補習班的宣傳單，打開本書，你立刻就成為你家寶貝的作文啟蒙恩師！

本書的主張

講到「作文」兩個字，相信大多數人腦海裡浮現的畫面是——

一張稿紙上面，寫滿密密麻麻的文字，字體工整、辭藻華麗，而且段落分明，以起、承、轉、合來布局。

因此，當你被本書的封面給吸引，並且讀完前言以後，八成會以為只要帶孩子一個接一個完成書中每一章的練習以後，他們的寫作功力就會達到你腦海中想像的畫面那樣。嗯……我必須老實跟你說：除非你家小朋友是百年難得一見的寫作奇才，否則根本不可能進行了這些練習後，就立刻寫出洋洋灑灑的文章來。

那麼本書到底在教什麼？想要傳達什麼觀念？會給孩子帶來什麼樣的幫助？我們一一來看。

一、培養真實的感受力

享譽國際的作家林語堂先生在總結寫作的竅門時，只用了一個字，那就是——**真**。

我曾經給孩子出過一個題目〈生活智慧王〉，請小朋友回想生活中有哪些日用品使用起來很不方便？可以怎麼改良？我發現，平時在家幾乎沒有做家事的小朋友，不是想不到，就是幻想一些不切實際的產品。後來，當我看到一個擅長做家事的孩子的改良構想，讓我眼睛一亮！

他平時負責擦拭家裡的窗戶，對於身材矮小的他來說，擦氣窗是件苦差事。雖然他會用長柄的玻璃刷來擦拭，不過玻璃清潔劑的噴頭卻不能伸縮自如，他只好冒著危險，踩上桌椅去噴清潔劑，有幾次差一點跌倒。所以，他突發奇想，設計出一款結合長柄玻璃刷與清潔劑的神器，只要將清潔劑裝在刷頭處，控制噴灑的按鈕裝置在握把，便能夠輕鬆又安全地站在地上邊噴邊擦

拭。——這樣的改良實在太有創意了！長柄刷與清潔劑是常見的東西，卻沒人想過把它們結合起來。

這個孩子的巧思，並不是來自天馬行空的想像，更不是閱讀得來的知識，而是從平日動手實作所遭遇的障礙中，激發出來的智慧結晶；平時沒在做家事的孩子，就算閱讀力再強、想像力再好，也無法想出這種具體實用的改良方法。因此，唯有真實的感受，才能寫出真誠的文章，令讀者產生共鳴。

鍛造寫作力之前，絕對不可忽視感受力的培養。特別是孩子年紀還小，大多數事物對他們來說還是相當新奇、有趣，正是養成感受力的最好階段，不可錯過。

本書的練習，都是從實實在在的生活中出發，在親子一同動手操作、規劃、討論的過程中，逐步打造小朋友的感受力。寫起文章，自然言之有物，且言之有「感」。

二、運用圖表、表格組織龐雜的思緒

對於一個剛剛接觸寫作的孩子來說，可能連一件簡單的事情都無法用文字清楚完整地表達出來，一段也無法完成，然後你就把起、承、轉、合的大框架拋給他，只會把他的信心直接壓垮，從此痛恨作文。

我們可能離開兒童的階段太久了，都忘記當我們還是一個語文程度一般般，識字不算多，造句很普通，閱讀量也不夠的孩童時，要寫出整篇滿滿都是文字的作文，是多麼的要命！簡直就像是要求一個只會用樂高蓋房子的幼兒蓋出一棟一〇一大樓一樣困難。

問題出在哪裡？倒不一定是小朋友的語文能力太差勁，而是他不知道該怎麼把想法與感受，組織成有條理、有結構的文章。

本書所設計的練習，不要求小朋友立刻寫出整篇的文章，先輔助他們繪製圖表與表格，把想法圖像化、量化、條列化，形成具體的概念及清晰的脈絡。將來一旦習慣運用這些寫作前的前置作業，下筆時，腦海中自然會浮現鮮明的路標來指引方向，並奠定架構的觀念，越寫越順手。

在繪製圖表並運用圖表寫作的同時，也是在加強訊息的整合力與圖表的分析力，它們不只是應付當前升學國文考科

的重要能力，也是數位化時代的核心能力。

傳統的作文是以純文字為主，所以應該會有不少家長不適應這種以圖表、表格輔助寫作的教學模式。然而，孩子在填表、繪圖的過程當中，雖然沒有即時產出可觀的文字量，但這一道構思的程序是必不可少的。如果加以活用，他們的邏輯與思辨能力會有所提升，不僅應用於寫作，吸收其他領域的知識時也能發揮意想不到的功效。

三、結合生活與寫作，為孩子打造「核心素養」

「寫作文到底要幹嘛？以後又用不到！」

討厭作文的學生當中，十個至少有九個會這麼抱怨。

過去，我們對於作文的理解，被作文狹義的那一面給綁架，以為只要寫出起、承、轉、合段落分明，辭藻又華麗的文章，就是會寫作。殊不知，學生時代寫的作文，和出了社會後會使用到的實用寫作——諸如文案、企劃、計畫、廣告……等——完全是兩碼子事。再說，現在升學考試的作文考題也越來越注重實用性與思辨性，為因應趨勢，應該提早準備。

讓小學生學習這些實用性的文體，一般人可能會以為這對孩子來說太艱難。其實，這些實用文體的基本雛形並不難，在小朋友的日常生活當中，就派得上用場，甚至可以幫助他們提高學習效率、養成紀律。建立起基礎概念以後，將來進入職場使用起來，自然得心應手。要記得——

凡是在現實生活中用得上文字的地方，都是作文。

你必須抱持這個觀念，才會留意到各種不經意便可能錯過的寫作題材，甚至超越本書的範圍更上一層樓，開發出各式各樣生活化的教材。而且，在你的領導下，孩子會意識到原來作文是無所不在的，是一個從現在到未來都用得著的必備工具，學習意願便會跟著提高。

在一〇八年正式上路的十二年國教新課綱當中，備受討論的「核心素養」，讓許多家長誠惶誠恐，不清楚狀況的爸媽可能急著把孩子送進補習班「補素養」。根據教育部為「核心素養」下的定義是：

> 核心素養是指一個人為適應現在生活及面對未來挑戰，所應具備的知識、能力與態度，核心素養強調學習不宜以學科知識及技能為限，而應關注學習與生活的結合，透過實踐力行而彰顯學習者的全人發展。

也就是說，無論哪一個科目，將從傳統的強調記誦，轉變為指引學生思考「如何將知識應用於生活」。既然重視的是學習與生活的結合，那麼我們可以得出這個結論：**對於小學階段的小朋友來說，誰是他們生活中最常接觸到的人，便是引導他們提升核心素養的最棒導師。**

沒錯，就是身為父母的你！別把他們丟到補習班補素養——自己孩子的核心素養自己教。

四、教學與教養同步進行

有一個中年級的男孩，生活經驗極度貧乏，每次寫作的內容除了打電動還是打電動。有一次課後我跟他深談，才發現他們全家每天在餐桌上用餐時，都是人手一機，各滑各的手機，幾乎沒有交談；用完餐後，看電視的去看電視，滑手機的繼續滑。

另一個女孩跟我抱怨，每次放學回家正想跟媽媽分享在學校發生的趣事時，媽媽總是搶先一步問她「今天考試考得怎樣？」「明天要考什麼？」或是命令她「快去寫功課」，她只好把剛到嘴邊的話又硬生生地吞回去。

想像一下，數年過去，男孩與女孩都已長大——

當男孩的父母放下手機，想跟孩子聊聊時，男孩早就已經習慣跟手機聊天，不想跟爸媽聊天了……

當女孩已經脫離學生身分，媽媽這才發現長久以來母女間的話題只剩課業，現在連這個話題都沒得談了……

很多父母總是怨嘆孩子大了，不愛跟他們說話，但似乎沒有認真想過，自己是否在孩子小的時候，並不在意親子間的對話？——可怕的是，相處模式一旦定型，就回不去了！

事實上，**生活中太多親子交流的契機，絕大多數都被我們忽略掉了，本書幫你找回九個；它們都必須在父母的嚮導**

之下，與孩子合力完成，增加親子互動的機會。

此外，把握住這幾個契機，也等於是掌握住培養孩子健全人格的關鍵時機。每當孩子在生活上或情緒上出現狀況時，如果父母自己也跟著失控，拿負面情緒去壓制，只會讓情況惡化。不妨緩一緩，試試本書的方法，比方說：

- 孩子又在摸魚的時候，我們陪他重新檢視作息，把浪費掉的時間找回來，養成時間觀念。
- 孩子總是三分鐘熱度，最後一事無成時，陪他擬一份計畫書，學習有效率地完成每一件預定的任務。
- 孩子得不到想要的東西，開始鬧脾氣時，讓彼此冷靜一下，然後帶他用企劃書的模式來思考，培養用理智表達訴求的態度。

諸如此類容易擦槍走火的時刻，往往是鍛鍊小朋友健全人格的絕佳時機。運用本書提供的小撇步，一邊教學，一邊教養，不是一舉兩得嗎？

本書使用說明

1. 看目次，挑主題

閱讀本書，其實不用按照順序一章一章讀下去。在目次的每一個主題之下，都有對於那一個章節的簡要說明，讓你大致了解它的內容。接著，可以根據孩子缺乏的能力或是他們的喜好來挑選閱讀的章節。

2. 自己讀、自己做

讀完你所挑選的章節以後，別急著把小朋友抓來進行練習，不妨先自己想想看、寫寫看。用心想過、親手做過以後，你才會發現容易犯錯的地方，待會就可以提醒孩子留意。最忌諱直接把書丟在他面前，要求他自己看、自己寫，因為這是一本強調親子一同參與的作文書，如果你沒時間也沒心陪孩子練習，真的別花冤枉錢買這本書了。

3. 耐心講，一同做

當你完全了解教學重點與步驟以後，就可以開始帶著孩子來進行實際操作囉。本書附有《練習本》，照著上面的指示一步一步執行，來完成每一項練習。孩子如果是第一次練習，可能無法馬上掌握訣竅。別著急，把這些練習當作是和你家寶貝互動、溝通的好機會，反正又不計分，不用操之過急。

帶孩子練習時，切勿使用指導式的引導，像是：「阿妹呀，你的暑期計畫到底是什麼？有這麼難想嗎？快點把〈計畫書〉完成！」其實，不是難想，多半是因為缺乏其他例證的參照，讓他們不知道哪些事情可以寫進〈計畫書〉中。**建議家長採用分享式的引導**，談談自己有什麼計畫準備執行？或是自己在他們這個年紀時，有什麼想做的事情？多分享一些個人的經歷，才能刺激小朋友的聯想。

這些練習也不是全部操作過一遍就好了，只做一遍是百分百看不到成效的。日後只要遇到類似的狀況，隨時拿出來運用，久而久之，本書所要傳遞的寫作觀念與方法，就會深深烙印在他們的腦海中了。

教學本

當孩子的作文啟蒙恩師

9個居家必備、親子共寫、教學兼教養、教作文也教做人的寫作練習

第一篇
基本敘述力

一、週記

大事、小事、瑣事、沒事……
把一件事寫好寫滿，就是好週記

週記，對許多孩子來說，是每週都要面對的夢魘——要寫什麼？怎麼寫？怎麼開頭？寫這麼少怎麼辦？——這一個一個的問號壓得他們喘不過氣來，壓得他們越來越痛恨寫作。

其實說穿了，週記要記的東西真的不用多，一件就夠了，一件這一週以內發生的印象深刻的事情。把這一件事好好敘述，就是一篇完整的週記了。

但孩子最大的毛病就是無法好好把一件事說明清楚、描寫生動，以致於寫起週記，一、兩句話就交待完畢，只好拿很多不相干的事情湊在一起寫，便成無趣的流水帳。

要克服這個毛病，可以藉由「六何法」進行觀察與書寫練習。

「六何法」是由**何人**（Who）、**何時**（When）、**何地**（Where）、**何事**（What）、**為何**（Why）、**如何**（How）所組成。

所有事件，都是由這六個W給撐起來的；敘述時，先不管修辭，只要寫得出這六個W，便能將意念準確地傳達給讀者，完成「達意」的基本要求。

不過呢，等到要寫週記才搬出六何法，可能已經太晚囉，平時就要培養孩子使用六何法觀察、思考的習慣，寫起週記才能得心應手地運用它。

接下來，我們來看看如何在生活中帶小朋友應用六何法，最後再談談怎樣發揮在週記寫作上。

一、六何法，危急時的保命法

美國NBC新聞的《今天》（TODAY）節目，有一集找來六個孩童，測試他們遇到緊急狀況時會如何處置。結果，六個孩子當中，只有一個成功撥打911，並準確告訴執勤員住家地址；另有一個小男生雖然成功撥打911，但聽到執勤員聲音時，卻張口結舌，緊張得說不出話來；其他的更不用說，不但不知道該打什麼電話號碼求救，連手機怎麼使用都不知道。

節目設定的標準還算簡單，只要撥通

接著說出地址即可。不過如果要求小朋友進一步敘述遇到什麼狀況，應該會全部出局。

現在很多雙薪的家庭，爸媽都要工作，便將小孩交給阿公、阿嬤照顧。如果長輩出了什麼狀況，你有把握你的寶貝會打電話求救嗎？

「不過就打110或119嘛，哪有什麼難的？」

我就知道你會這樣想，但有這樣的想法真的很危險。要知道，一旦突發意外在面前發生，恐怕連大人都會腦袋一片空白，不知如何是好，何況是小朋友？所以，平時就應該對孩子進行緊急應變的訓練。

記得以前當兵時，班長要我們死記「五何報告詞」(其實就是「六何法」少了一個「為何」，變「五何」)，在背的時候覺得很無聊，不了解這種訓練有什麼意義。後來，經歷了幾次突發事件，才慢慢體會到：當人處於極度慌亂的情況下，理智會斷線，反應不過來。但如果這時候腦袋裡有一套牢牢記住的制式說詞，便可以不假思索，反射般的脫口而出，回報狀況。

訓練孩子緊急應變時，也可以採用六何法。包括：

- 何人：說明報案人的姓名，以及傷患是誰。
- 何時：事發的時間。

■ 何事：傷患發生了什麼事。

■ 為何：為什麼發生這件事，或是他的相關病史。

■ 如何：他目前的狀況怎麼樣。

■ 何地：你家地址，並留下聯絡電話。

突發狀況發生時，平常倒背如流的地址，甚至家人姓名，都會一時忘光光。因此，訓練的目的，就在於把這些資訊死死地記到腦海裡；此外，還要培養基本的觀察力，事發時才能觀察患者的狀況，向接線的執勤員精準告知情形，以利對方提早準備患者需要的設備、藥物，提升救援效率。

爸媽可以用遊戲的方式，安排一些狀況——像是爺爺假裝在浴室跌倒、爸爸假裝心臟病發作、媽媽假裝切菜時把手指切斷——引導小朋友用六何法的方式說明情況，並試著撥打110、119求救（演練時記得把電話線拔掉）。

多練個幾次，必定會越來越純熟。真有什麼萬一，就能不慌不忙撥打電話，然後和執勤員對答如流，請求最貼近患者需要的協助。

二、用「六何法」觀察身邊大小事

當孩子熟悉六何法，並且可以用它來報案。那麼，恭喜你，您的居家安全等級又升級了；此外，小朋友已經培養出將事件組織化的基本功力。接下來，我們打鐵趁熱，繼續帶小朋友運用六何法，將所見所聞組織化。

最初階又簡單的練習，就是從網路上抓一些趣味的圖片，跟孩子分享。以圖1為例：

圖 1

如果用六何法來記錄事件，便會形成圖2的圖表：

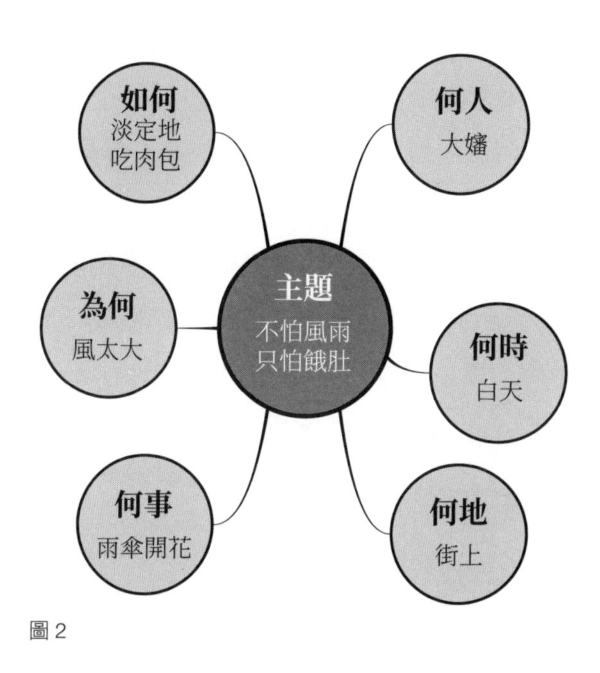

圖2

看起來很簡單，但實際上在運用六何法思考時，連大人可能都會卡關。「何人」、「何時」、「何地」還算好判斷，最常卡關的部分是「何事」、「為何」與「如何」。

以這張圖來說，有孩子會誤以為「何事」是「大嬸吃肉包」；因為「何事」抓錯，所以「為何」也跟著錯，變成「因為大嬸肚子餓」；前兩個都錯了，「如何」當然錯，可能寫成「吃得津津有味」。

如果「何事」判斷錯誤，六何法就錯了一半，一旦下筆寫作，不離題才怪。

要提醒小朋友：「何事」是事件中最精采的部分！也就是第一眼抓住你目光的事情。這一張圖片，最明顯的就是「雨傘開花」，所以不要遲疑，「何事」正是「雨傘開花」，其他的不用多說。

至於「如何」，總是小朋友最常留白，不知道怎麼寫的部分。的確，「如何」對他們來說稍微有點抽象，家長要多花點心思解釋並舉例說明。簡單來說：**「如何」指的是「主角遇到這件事情後，變得怎麼樣了？」**包括他的反應、心情、處理方式、下場……等。

從「何事」、「為何」到「如何」，小朋友必須從表面的觀察，進一步判斷背後原因並推測主角的肢體語言所代表的涵義；看起來容易，其實非常燒腦，是鍛鍊腦力很好的方式。爸媽在帶孩子練習前，最好自己先試試，相信你也會遇到卡關的情況。

我們也可以找簡短的新聞報導給孩子們閱讀，再運用六何法來分析新聞。在閱讀報導內容前，要提醒孩子注意標題。通常從標題中，就可以抓到「何事」、「為何」與「如何」，有時甚至其餘三個「何」都有。以下面這則新聞標題為例：

登冰山寶座拍女王美照　結果越漂越遠……7句嬤嚇到啊啊叫！[1]

從標題中就可以判斷主角是一位七十多歲的阿嬤（何人），「何事」是「隨著冰山越漂越遠」，「為何」是「登冰山扮女王拍照」，「如何」則是「嚇到啊啊叫」。短短二十多個字的標題，就包辦了四個「何」。因此，只要多留意標題，很快就能掌握使用六何法的技巧了。至於沒有在標題出現的其他幾個「何」，也多半會出現在報導的第一段當中。[2]

三、六何法再升級，瑣事也可以寫成大事

用六何法報案時，可以簡潔扼要地提供精準訊息。不過，應用在寫作上時，則稍嫌簡略，容納資訊的空間太少，難以寫得豐富。此時，我們不妨鼓勵小朋友自行動手，延伸出去，連結更多資訊。

「主題」的部分最後再想也不遲。完成外圍的六個圓圈（以下簡稱基本圈）之後，可以開始引導孩子觀察細節，把觀察到的訊息填進自己畫的圓圈中（以下簡稱延伸圈），環繞著六何表。如圖3所示：

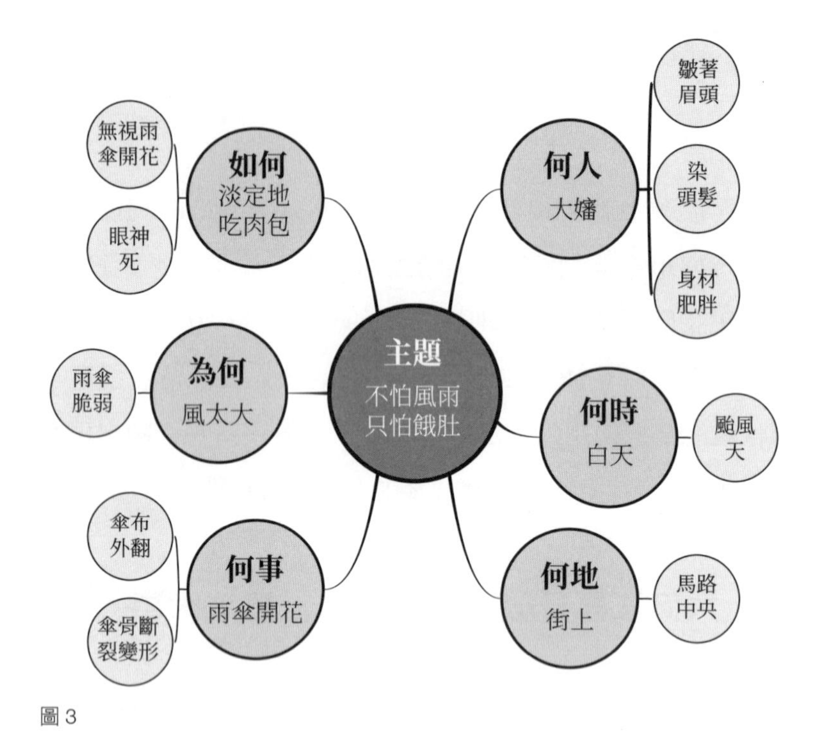

圖 3

只要發揮偵探般的敏銳觀察力，一定可以在基本圈的基礎上，抓到更多原先沒注意到的細節，拓展出延伸圈。下筆時，自然會寫得更加豐富具體，不至於丟三落四了。

四、用六何法寫週記

當孩子熟悉運用六何法觀察他人之後，便可以開始試著用六何法觀察自己的遭遇，動筆寫週記。

用文字描述時，只要參照六何表，將基本圈、延伸圈的資訊串連起來，就完成一篇週記了。敘述時可依照「**何時→何人→何地→何事→為何→如何**」的順序書寫。熟練以後，不一定得按照順序，自行發揮也無妨。來看圖4及以下這一篇範例：

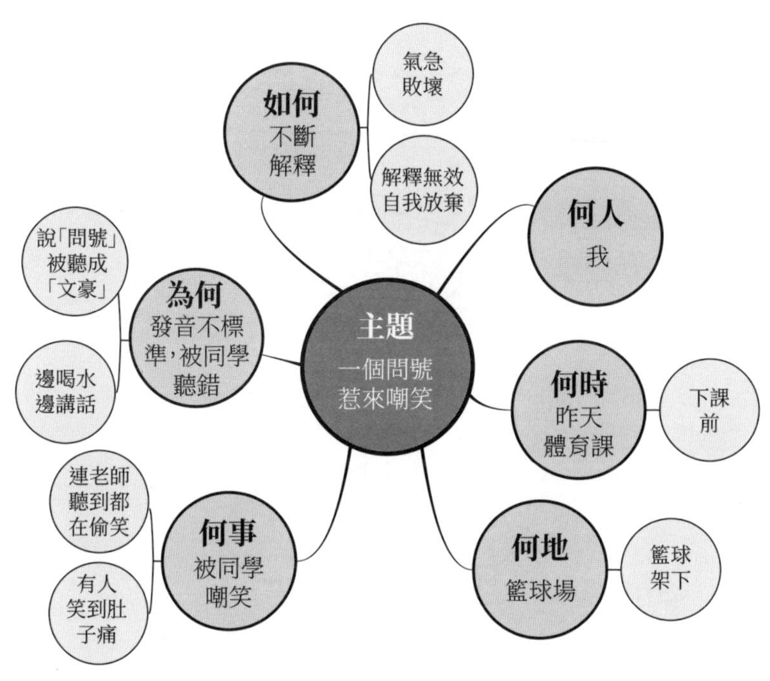

圖4

昨天體育課下課前，老師讓我們休息等鐘響。我們一群女生坐在籃球場的籃球架底下聊天。忘記是誰說了什麼，正在喝水的我，隨口接了一句：「我心裡有一個『問號』……」，可能是因為嘴裡有水，發音不標準，同學聽成「我心裡有一個『文豪』。」以為我在說班上的男生葉文豪。然後大家開始起鬨，笑成一團，有人還笑到肚子痛，連體育老師聽到都在偷笑。

我不斷跟大家解釋我不是這個意思，但他們完全聽不進去，到處散播這個八卦，讓我氣到快吐血。到最後，我看情況一發不可收拾，解釋也沒用，只好隨他們去講。

昨天真是我最倒楣的一天！

敘述前，花一點點時間，先帶孩子用六何表理清頭緒，即便只是一件平常的瑣事，也可以寫得相當精采。

透過六何法的練習，孩子可以輕易跨越開頭的障礙，產生寫作信心。從緊急應變的訓練、搞笑的圖片或影片、生活上大小事、剛看過的書或電影⋯⋯等等，都是練習六何法的好題材，不要輕易放過哦！

作文老實說：「寫作第一步——言簡意賅。」

踏上寫作之旅的第一步，不是學習如何賣弄技巧，只要學會清楚、明白地傳達意思，讓讀者明瞭，這樣就跨出一大步囉！

看似容易，但小朋友描述事件時卻時常漏掉重要資訊，令讀者感到困惑。因此，**學習運用「六何法」整理訊息，可以鍛鍊說清楚、講明白的能力**。學會以後，父母可以引導孩子在生活中靈活應用它，像是口頭分享、寫便條、傳訊息、練習報案⋯⋯等等。

如同孔子所說的：「辭達而已矣。」把話說清楚就行了。

1. 三立新聞網網頁，〈登冰山寶座拍女王美照　結果越漂越遠⋯7旬嬤嚇到啊啊叫！〉（發佈日：2019/03/02），https://is.gd/lDSK09，2019年3月2日瀏覽。
2. 詳見第九章第一節〈抓住大意，鎖定主題〉。

二、說明書

「說」清楚，講「明」白，畫對重點的小幫手

相信大家跟我一樣，每次購入新的家電，興沖沖地拆開包裝後，便迫不及待地拿出產品開始使用。至於產品以外的東西，包括紙箱、塑膠膜、保麗龍……等垃圾，則全部扔到一旁準備資源回收。但這些即將被丟棄的東西當中，有一樣不但非留不可，還得仔細研讀並好好保存；它，就是——說明書。

據統計，買了新產品，不會看說明書的人竟超過七成！大家總是自以為知道如何操作，懶得仔細閱讀說明書。

消費者不愛看說明書，不一定是消費者的問題，的確有的說明書不是寫得太過簡短，有寫跟沒寫一樣，不然就是寫得又臭又長、充斥一堆術語、版面排得密密麻麻，看得頭暈目眩。難怪有研究指出，看說明書會引起人的負面情緒呢。

話又說回來，不看說明書真的不是一個好習慣。說明書裡所列出的使用方式與警告提示，不僅有助於延長產品壽命，也能夠保護使用者的安全，降低發生事故的機率。至於藥品使用說明，更是不可疏忽，若是施用前沒有搞清楚劑量、副作用、禁忌症……等資訊，輕則未能發揮藥物應有功效而傷財，重則弄錯服用劑量或引起過敏症狀而傷身，豈不冤枉？所以，我們實在應該養成閱讀說明書的習慣，為居家安全及個人健康提供多一層保障。

無論說明書寫得好或壞，都該妥善保存，不只是避免傷財與傷身，它還有一個非常重要的功能——提升小朋友的語文能力。

大家都知道，寫作時要盡量避免用條列式來敘述，這樣文章看起來很僵硬呆板。但對於缺乏語文訓練的小朋友來說，他們常犯的毛病是前言不對後語，或是過程交待得不清不楚，一下太跳躍，一下太跳針，讓讀者看得一頭霧水。為了治療這個症狀，反而要從說明書著手。

以下教爸爸媽媽運用說明書教小朋友寫作的方法。

一、說明書的說明書

許多Youtuber會在網路上分享新產品的使用心得，俗稱「開箱文」。看他們講得有條有理、頭頭是道，從裡到外，就各個角度介紹產品特色，看得大家都情不自禁要把錢掏出來了。

雖然我們不像Youtuber這麼厲害，拍得出專業的開箱文。不過，只要一張說明書，也能夠引導小朋友寫出有模有樣的開箱文。

說明書基本上分為特點、使用方法及注意事項三大部分，如果產品需要消費者自行組裝，還會附上組裝說明。其中，特點與注意事項只要經由閱讀，就能夠理解，不需要動手操作。帶孩子閱讀說明書時，可運用以下這張〈說明書的說明書〉（表1）重新整理特點、注意事項，凸顯它們的重要性。

有一些說明書不一定會列出產品特點，這時也可以從產品包裝上去找線索。

表 1

【說明書的說明書】

產品名稱：南星牌 1.7L 快煮壺			
特點	**可以解決什麼問題？**	**注意事項**	**為什麼要特別留意？**
1. 沸騰後會自動斷電	哥哥上次燒開水準備煮泡麵，水還沒滾就跑去玩手機。結果，玩得太入神，忘了在燒水，竟然把水燒乾了！幸好，遊戲告一段落時，他馬上想起燒水的事，立刻衝去關火，才沒釀成意外。上次在新聞上看到，有人就是因為把水燒乾了，引發一氧化碳中毒，實在太可怕了！ 快煮壺具備自動斷電功能，可以有效防止這種忘東忘西的笨蛋把家給燒了。	1. 不可放進水中，避免水滲進壺中，造成零件短路。	阿嬤不懂電器產品，常常把不該洗的東西拿去洗。有一次，她把新買的電烤盤整台浸到水裡清洗。爸爸看到這一幕，差一點氣到中風。 所以，要特別提醒阿嬤，千萬不要把快煮壺放進水裡洗，不然的話，爸爸又要抓狂了。
2. 彈蓋式設計	原本的水壺容量大，但裝滿水後變得很笨重，尤其是水燒開後要移動，實在非常危險。把蓋子掀開時，還要提防被蒸氣燙到。 快煮壺方便多了，輕輕一按開關，蓋子就開了，不用擔心被蒸氣燙傷。	2. 不可將快煮壺放置在幼童觸碰得到的地方	妹妹才三歲，常常喜歡抓電線來玩。如果快煮壺放在妹妹碰得到的地方，一定會被她拉下來，這樣就危險了！
		3. 裝水時，水位不得超過最高水位，不然水沸後，可能會噴出，造成傷害	爸爸有時候為了省麻煩，會裝太多水去煮。要提醒他千萬不要再這麼做了。

讓孩子自行選擇重要的特點。

讓孩子自行選擇重要的注意事項。

如果分享親身經歷或見聞，會更精采哦！

爸媽在帶小朋友讀說明書上的特點與注意事項時，可一邊解說，一邊換他們用自己的話說一遍，並填入表中，不一定要一字不漏抄上，重點是鼓勵孩子用自己所理解的語言來表達。

閱讀過程中，最好結合他們的生活經驗，讓他們從眾多特點與注意事項中挑選自己覺得重要的幾點即可（爸媽可適時提示），然後在右邊欄位中說明選擇的理由，再搭配他們的經歷描述；這樣一來，一份比原本的說明書更生動具體的說明書便完成了。

〈說明書的說明書〉由於增添了具體的實例，還點出家中曾有不良記錄的「前科犯」，一定比原本的說明書還吸睛。將它張貼在產品旁邊，便能發揮警示效果。

從閱讀到填表，在親子的協力合作下，繁複的說明書已經簡化了不少。不僅是簡化，而且還是客製化——針對這個家庭的需求與成員習性重新設計——因此，實用性大幅提高，不但不會產生負面情緒，還能有效增強小朋友的寫作信心。若有時間，將它重新編排組織，一篇文情並茂的開箱文就出爐了。

說明書上每一條的特點與注意事項，不一定對每一位使用者都有意義。經由親子合作，篩選出有意義的要點，再加上例證；**小朋友會從中學習掌握重點的能力，以及培養聯想**

力，把死板的條文和自己的經驗相結合，增加可讀性與說服力。未來無論是口語還是文字表達，都能發揮鎖定焦點、發展論述主題的能力。

二、動手一步步做，動筆一條條寫

〈說明書的說明書〉主要處理的是產品的特點與注意事項，至於組裝與使用步驟就不能紙上談兵，必須動手操作囉。

家長不妨放手讓孩子自己按照說明書上的步驟，一步一步操作。不過，千萬不要一開始就拿有危險性或昂貴的家電給孩子試驗，不然操作失誤，造成用品故障，甚至孩子受到傷害，那就弄巧成拙了。

先從玩具著手吧。

下頁兩張圖是「DIY迴旋式科學小飛機」的組裝說明圖與玩法說明圖。這個玩具的結構簡單，零件不多，組裝上沒有什麼問題。不過，玩法說明圖實在太簡略，圖片看起來有些抽象，文字說明也只有一句話，不容易理解。（見圖5、6）

一、安裝說明

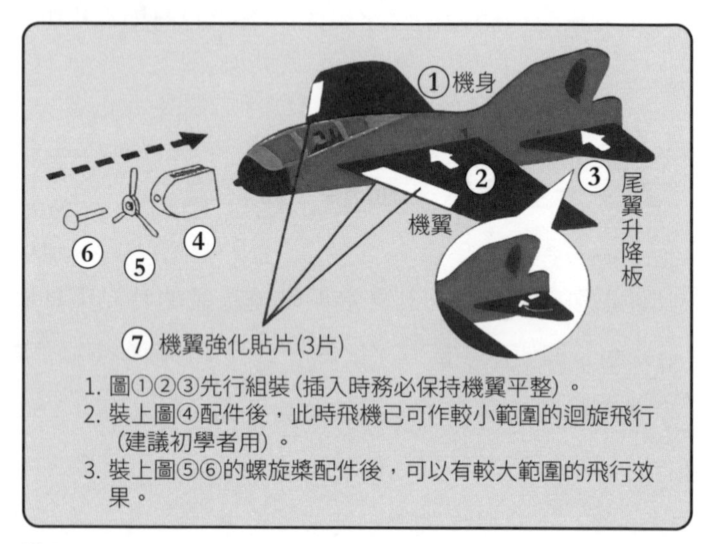

圖 5

二、基本玩法說明

1. 手持飛機白色那一面（重心接近螺旋槳處）。
2. 拋出時，適度配合手臂的伸展，以及手腕力道的使用。

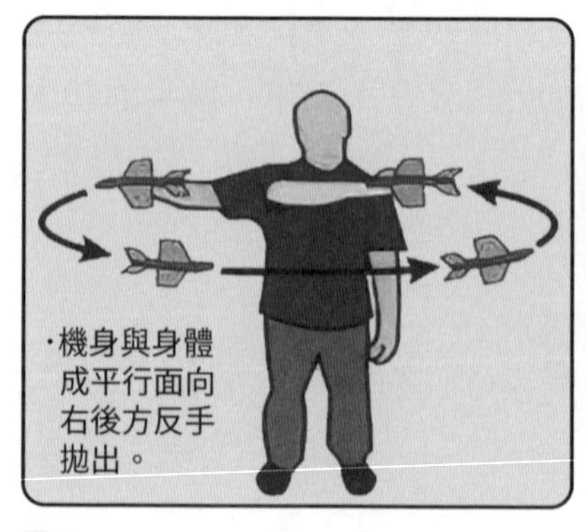

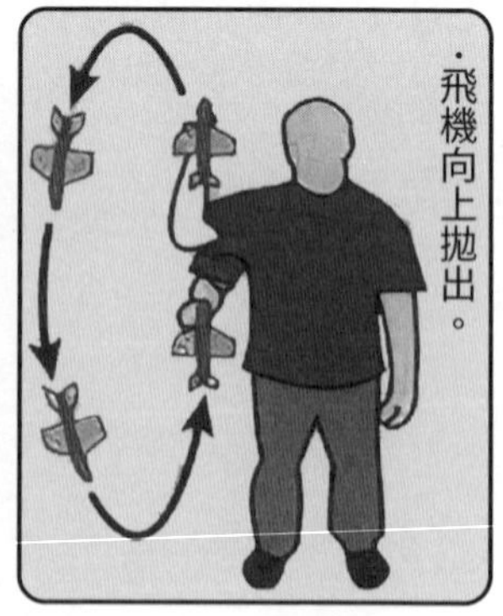

圖 6

此時此刻，正是進行練習寫說明書的好時機！透過以下四個步驟，我們可以輕鬆帶著孩子寫出完整的說明書。

（一）做：提升感受力

科學小飛機的構造雖然簡單，也附有組裝說明圖，但沒有說明組裝的步驟。孩子組過幾次，大致摸熟以後，請他跟你或其他孩子講授組裝步驟，有時間寫下來更好。重點是，孩子在研究組裝說明圖時，會學到精準的專有名詞，如機身、機翼、尾翼升降板……等，待會在寫玩法時，會派得上用場。

接下來呢？別緊張，先玩再說。**爸媽在陪小朋友測試新玩具的過程中，他們會用身體去感知它、揣摩它的玩法；這個階段，是孩子建構感受力的重要時刻，多花一些時間去摸索也無所謂**。如果真的學不會，試著上網搜尋看看，也許會找到商家或玩家試玩的影片。

看過影片介紹，再試著玩玩看，應該就能掌握訣竅。於是，感受力的鍛造工作就完成了。

（二）說：把感受轉換為口語

當他們玩上手以後，別閒下來，趕快請孩子當老師，教爸媽或其他小朋友怎麼玩。盡量引導他們把步驟一步一步說明清楚，有遺漏的部分，務必麻煩他們再解釋一遍。這個階段的練習，目的在於幫助他們把難以捉摸的感受，試著「轉檔」為「聲音檔」，在腦海中留下初步的印象。講完後，請他們寫下來。

小朋友可能會這麼說：

抓住飛機下面，白白的那面朝自己，飛機的頭朝右邊，然後把飛機往右邊丟過去，飛機就會飛一圈飛回來，然後輕輕抓住飛機，不要太大力。

他們描述時運用的辭彙可能不夠精準（剛剛學到的專有

名詞也許還沒記熟)，也可能一再出現不必要的贅字、贅詞。但沒關係，這個階段，只要訓練他們講得完整、順序正確，就算滿分了。

(三)寫：把口語轉換為文字

接著，寫說明書的工程正式啟動了，我們來把「聲音檔」轉為「文字檔」。

在前一個步驟中，小朋友已經在腦海中建立起玩法的先後次序。現在，我們再指引他們把剛才的說詞用三道手續加工一下，讓它條列化、精簡化。

1. 將這段敘述拆解成「一個動作，一項說明」。

2. 把模糊的詞彙代換成專有名詞。

3. 刪掉不必要的連接詞，如然後、接著……等。

加工過後，原本模稜兩可的口頭描述，就會變成：

(1) 機頭朝右，右手輕輕握住機身的下方，機翼的背面(白色那面)朝向自己，使飛機呈九十度角。

(2) 向右後方平行拋出，飛機會飛行一圈後回到原點。

(3) 飛機飛回來時，輕輕接住。

(4) 如果飛行方向有偏差，可以調整尾翼升降板。

在親子的協力合作之下，清晰明白的說明書就大功告成了。喜歡畫畫的小孩，也可以鼓勵他們在每一個步驟旁用圖畫輔助說明，達到圖文並茂的效果，更能幫助使用者了解。

這個階段練習的目的，在於為小朋友釐清敘述邏輯，並培養運用專有名詞的習慣，使語文具體化。寫作時，便可以充分運用這個技巧，快速將意念準確無誤地傳達給讀者，不至於讓讀者看得一頭霧水。

（四）讀：同儕讀過後提供修改意見

剛開始練習時，孩子可能還無法抓到寫說明書的訣竅。不用心急，也不用急著叫他們訂正，只要把說明書拿給其他小朋友看，請他們根據上面的解說使用產品。然後，觀察他們卡在什麼地方，代表那條指示也許不夠明確，可再試著修改，直到明瞭為止。也有一種可能，就是孩子把說明書寫得太過瑣碎，增加許多不必要的條目，其他小讀者在讀過後也可以提供刪改意見。

藉由同儕閱讀、給予建議，他們才能真正看到自己在敘述時的模糊之處；否則孩子在熟悉玩法的情況下，看自己所寫的說明書，一定會覺得已經夠清楚了，這樣的話，盲點永遠無法被突破了。在寫作教學上，我們稱這個練習為「同儕回饋」(Peer response)。

從「做」到「讀」，小朋友會在四種不同身分的轉換中，逐漸提升語文能力。

- **「做」的時候，他是「使用者」**，一個新手在面對這項產品會遇到的問題，他完全能夠體會，並且在嘗試中培養感受力。
- **「說」的時候，他是「講者」**，要把感受再化為口語，向新手解說，同時組織前後順序與因果關係。
- **「寫」的時候，他是「作者」**，必須進一步精鍊文字，寫出簡明扼要且條列化的說明書。
- **「讀」的時候，他是「接受批評的作者」**，新手使用者研讀說明書會提出作者沒注意到的瑕疵，放大檢視他在書寫時容易犯的毛病。

短短的說明書雖然沒有長篇大論、洋洋灑灑，但整個演練下來，幾乎進行了全方位的語文練習。所以說，說明書實在是居家必備、不可或缺的現成作文教材。

生活中，處處都有說明書寫作的機會，比方說：如果孩子喜歡烹飪，可以輔助他寫下食譜，或隨時記錄心得，留下私房食譜；如果孩子平時有養成做家事的習慣，可以請他分享洗廁所的流程，供家人參考；如果你們家喜歡露營，親子也可以合作寫出組裝帳篷的步驟，以節省實際搭篷時所需的時間……諸如此類，例子是舉不完的。爸爸媽媽只要多花點心思，就能為小朋友鍛鍊出有條有理、畫對重點的邏輯思維。

當然啦，為這個練習創造意義也是不可少的。不然，你興致高昂的拿出說明書請小朋友一起參與練習，他可能興趣缺缺，愛理不理。

說明書，是一個經驗傳承的重要書面資料，家庭成員必須仰賴它才能正確的使用產品，發揮它的價值。當別人參考他的說明書來操作，得到事半功倍的功效時，小朋友的成就感便會油然而生，練習意願自然會增加許多！

作文老實說：「為真正的讀者而寫。」

在大多數人的印象中，作文是寫給閱卷老師看的，他是唯一的讀者。然而，出了社會之後可沒這麼簡單，無論是寫履歷、文案、企劃、信件，甚至是情書……等等，讀者都不是「唯一」的。換句話說，假如你投給每一家公司的履歷，或是寫給每一個女孩的情書，都把它當作給閱卷老師看一樣，寫得千篇一律，而不知道根據不同讀者的喜好與需求來調整用詞、語調、鋪陳、例證……等書寫方式的話，就等著對方把你寫的東西揉成一團丟進垃圾桶吧。

因此，應該要為孩子建立的觀念是：**為真正的讀者而寫，不是為閱卷老師而寫。下筆之前，最好先搞清楚你的對象是誰，試著站在讀者的立場了解他們想看到什麼。**

「同儕回饋」的練習，便是幫助孩子跳脫「我寫，老師改」的書寫模式，學習跟真實的讀者對話，培養實實在在的寫作力。

第二篇

時間感知力

善用圖表，藏在時間細節裡的拖延魔鬼通通見光死

時間流逝的速度到底是快還是慢？成人與兒童的感知似乎不太一樣。

對大人來說，一週又一週、一年又一年，時間永遠把我們拋在後頭，怎麼追也追不上。但回想起自己小學的時候，學期中總感覺度日如年，怎麼盼都盼不到暑假到來的那一天；真的放了暑假，又覺得兩個月的假期太漫長，怎麼等都等不到和同學相聚的那一天。

大人的時間不夠用，每天都在跟時間賽跑；小孩以為自己有大把的時間可以揮霍，做事慢條斯理也不以為意。兩種彷彿來自兩個不同世界，有著不同時間感知的生物，住在同一個屋簷下，一天當中發生個幾次磨擦、衝突、鬥氣，真的不意外。

從心理學的角度來看，兒童受限於年齡，時間的感知和成人極為不同，是正常現象。所以，即便家長、師長諄諄告誡孩子珍惜時間的重要性，他們終究難以體會。寫起文章，就算能掉個書袋，引個幾句「一寸光陰一寸金，寸金難買寸光陰」、「少壯不努力，老大徒傷悲」……等名言佳句，但這些出自於成人對於歲月匆匆的感嘆，小朋友頂多了解字面意思，真的能感同身受嗎？

大家不妨想想，你每天可能對孩子說了無數次「快去睡覺」、「快去寫功課」、「快去洗澡」……他們就真的快起來了嗎？說實話，他們心裡想的八成是「快什麼快，時間不是還很多嗎？」

讓我們換個方式，試著把抽象的時間轉變成數據，繪製成圖表，將小朋友的作息時間分配攤在他們的面前，一目瞭然。於是，時間對他們來說，不再是那麼難以捉摸的概念了；一旦容易感知、掌握，要重新規劃作息便不是難事。

一、利用〈日常作息時間百分比圖〉，揪出光陰小偷

規劃作息前，必須先揪出藏在時間細節裡的光陰小偷，擠出多餘的時間，以利重新分配。〈日常作息時間百分比圖〉就好比光陰警察，可協助我們逮捕小偷，找回被竊取的時間。

繪圖前，先製作〈日常作息時間列表〉，如表2：

表2

日常作息時間列表

事情	小時	%	事情	小時	%
學校上課	36	21	做家事	5	3
通勤	3	2	興趣（畫畫）	3	2
寫作業、讀書	23	14	娛樂（玩手機）	12	7
補習	10	6	運動	2	1
閱讀課外書	4	2	不知道在做什麼	3	2
睡覺、洗澡、吃喝	67	40			

把孩子每週會做的例行事情、花了幾個小時做這件事情，分別填進表中，再換算成百分比。換算公式為：

$$\text{做某件事所花的時間（小時）} \times \frac{100}{168\text{（一週總時數）}}$$

算出來後，可將小數點後的數字採四捨五入法刪去，再填入百分比圖。計算過程一定會出現些許誤差，或是漏計了一些瑣碎的事情，加起來不會剛好百分之百，我通常將這個部分命名為「不知道在做什麼」。根據我的經驗，如果「不知道在做什麼」在百分之十以內，都還算是正常範圍，但如果大於百分之十，一定是估錯時間或漏計了什麼事情，最好

再仔細想想。算完後，將得出的數字填進百分比圖中。（圖7）

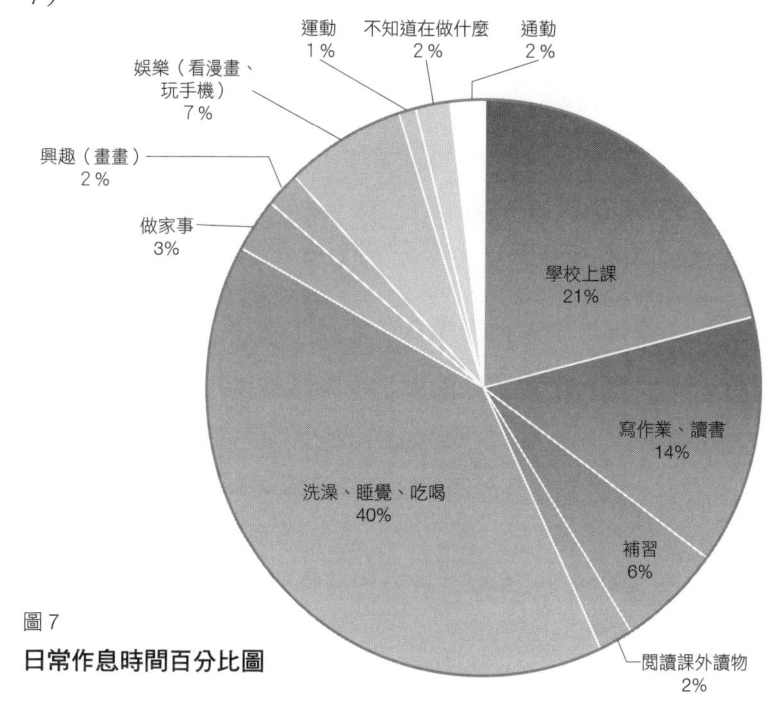

圖7

日常作息時間百分比圖

畫完圖後，「光陰小偷」立刻無所遁形，孩子也會建立起一個觀念：

做任何一件事所花的時間，是壓縮做另外一件事的時間而來的。

圖表會說話，在什麼事情上浪費太多時間，以致於其他什麼事情無法

按時完成，都一清二楚呈現出來。孩子以前常抱怨玩樂、休息時間太少的話，就可以拿這張圖來打臉他，「喏，你自己看，誰叫你花這麼多時間寫功課？」不過如果真的是家長安排太多額外的活動，把小朋友的作息塞得太滿的話，可能就得取捨一下，把一些時間的自主使用權還給他們。

畫完〈日常作息時間百分比圖〉後，爸媽趕緊打鐵趁熱，引導孩子思考以下問題：

1. 你覺得什麼事情應該多花一點時間做？

2. 什麼事情花太多時間做了，應該加以控管？

如果孩子不清楚自己做每一件事所佔的時間比重，便叫他們規劃作息，可能只會得到這個答案：

A. 我應該多花一點時間閱讀課外讀物，至於寫作業的時間，真的太長了，應該減少一點。

但這樣的回答相當籠統，究竟應該增加多少時間來閱讀？寫作業的時間要減少多少？沒有明確的數字，整個時間概念還是一團亂，不可能確實改善。不過，親自畫過圖表，再把數據放進回答裡，可就不同了。

B. 我每週只有百分之二的時間在閱讀課外讀物，實在太少了。至於寫作業、讀書的時間，竟然高達百分之十四，足足差了七倍！

把文字量化以後，小朋友容易產生清晰的時間概念，接下來要調整作息會更有頭緒。

寫作的道理也是一樣。寫文章常犯的毛病就是使用諸如A句這種模稜兩可的用語，即使堆砌再多華麗的詞藻來包裝，讀者終究難以理解作者的意思。因此，**幫助孩子養成使用數據的概念，寫作時便能將抽象的詞句化為具體，寫出淺顯易懂的文章了。**

二、自我檢核，重新規劃作息

緊接著，我們帶孩子分別針對「花太多時間做的事」與「花太少時間做的事」來重新調整時間，並分析原因及提出改善方法。

先計算可以從「花太多時間做的事」擠出多少時間，再將這段時間分配給「花太少時間做的事」。「原因與改善方法」這一欄，務必請孩子認真反省造成拖延的原因，然後想出具體的改善方法。家長除了協助孩子計算以外，也可以根據你們平時對他們的觀察，提出改善的建議，親子共同完成「一週作息時間檢核表」。（表3-1、3-2）

表 3-1

一週作息時間檢核表

<table>
<tr><th colspan="4">花太多時間做的事</th></tr>
<tr><td rowspan="2">寫作業、讀書</td><td>目前進行時間
23hr（14%）</td><td>理想進行時間
20hr（12%）</td><td>省下時間
3hr</td></tr>
<tr><td colspan="3">原因與改善方法：
我每天平均用三個多小時的時間寫功課與讀書。但坦白講，作業和考試並不是真的很多，可是我時常分心，邊寫邊玩桌面上的東西，總是寫到很晚才完成。我打算嚴格控管寫作業與讀書的時間，把桌面上雜七雜八的東西清乾淨，提高專注力。每天至少減少二十五分鐘，預計一週可以多騰出三小時。</td></tr>
<tr><td rowspan="2">娛樂</td><td>目前進行時間
12hr（7%）</td><td>理想進行時間
8hr（5%）</td><td>省下時間
4hr</td></tr>
<tr><td colspan="3">原因與改善方法：
我以為我用手機的時間算少的了，但看到數字後才發現，還算滿多的。除了上網查資料以外，大部分都在玩線上遊戲，不但會影響寫作業、讀書的時間，還讓我沒有時間看課外讀物。從現在開始，只有每週六、日可用手機各兩小時，平日則不能超過五十分鐘，這樣至少可以省下四個小時的時間。</td></tr>
<tr><td colspan="4">總計省下時間：7hr</td></tr>
</table>

無論是想節省做某事的時間，或是增加做某事的時間，都盡量不要一開始設定太難達成的目標。比方說：原本每週運動時間只有兩小時，一下子增加到十小時，沒有考慮到身體的負荷量，計畫自然難以堅持下去。最好先設定一個不難達成的目標，一個月過後再視情況微幅調整，循序漸進慢慢

表 3-2

花太少時間做的事			
閱讀課外讀物	目前進行時間 4hr（2%）	理想進行時間 6hr（4%）	增加時間 2hr
	原因與改善方法： 以前我很喜歡讀課外讀物，但自從迷上手機遊戲以後，閱讀的時間就變得很少。再加上有時作業寫太晚，所以幾乎沒什麼時間閱讀。我決定從每週節省下來的時間中，挪兩小時來閱讀，希望一週最少讀六個小時的課外書。因此，寫作業的效率與玩手機的自制力，都要再加強，才有可能達到。		
運動	目前進行時間 2hr（1%）	理想進行時間 7hr（4%）	增加時間 5hr
	原因與改善方法： 升上高年級以前，我很喜歡打躲避球，幾乎每節下課都跟同學去操場打球，運動量很充足。但升上高年級以後，課業比較多，下課懶得出去，回家後更沒時間運動，假日也只想待在家裡滑手機。所以，我每週的運動時間幾乎不到兩小時，這樣下去，我的健康可能會亮起紅燈。我希望可以把每週省下來的時間，挪個五小時來運動。週六、日去跑步或打球，週五下午去社區桌球室打桌球，平常也可以在家練跳繩。		

成長，才有可能徹底改善。

調整好作息以後，再畫一張理想狀態的「日常作息時間百分比圖」，並且搭配運用「一週時數規劃表」[3]，將兩張表貼在書桌前，可達到提醒與激勵效果。

此外，製表的過程，同時也是一連串發現問題的過程。

文章要如何寫得有深度？關鍵就在於是否具備「發現問題」的能力。要知道，稿紙上並不會無緣無故浮現問題，讓你一一作答，必須自己發掘問題。隨著一個一個的問題被開發出來，思考越來越深入，一篇鞭辟入裡的文章就是這樣完成的。因此，越是懂得自問自答的作者，寫出來的文章必定越深刻。

不過，對於年紀較小的孩子來說，「該怎麼提問？」的確是很大的障礙。特別是如果沒經過圖表的引導，他根本不知道問題所在，自問自答很難進行下去。例：

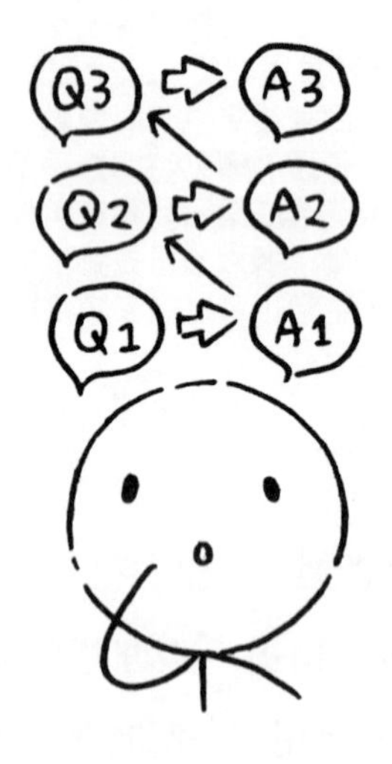

問：我現在讀的課外書越來越少了，怎麼會這樣？

答：不知道，可能要增加讀課外書的時間。

但經由圖表將他們的經歷數據化、組織化以後，問題便自然呈現，回答當然不成問題。我們來看看這段自問自答如何展開。

問：我現在讀的課外書越來越少了，怎麼會這樣？

答：根據圖表，我發現寫作業、讀書，以及玩手機的問佔太多了，導致沒時間閱讀。

問：為什麼寫作業、讀書花太多時間？

答：因為我寫作業、讀書時會一邊玩桌面上的東西，無法專心，所以浪費很多時間。

問：要如何改善呢？

答：把桌面上的東西收拾乾淨，減少干擾。然後嚴格控管時間，每週只能花二十小時在寫作業與準備考試上

問：為什麼玩手機的時間這麼長？

答：一玩起手機就停不下來，不知不覺時間就過了。

問：要怎麼調整玩手機的時間呢？

答：假日可以玩久一點，週一到五必須限制在五十分鐘以內，才不會耽誤做其他事的時間。如果還是克制不了玩手機的衝動，只好請爸媽保管了。

在圖表的輔助與不斷自我提問之下，真相逐漸明朗，也有精準的數字可供重新分配時間，改善才有可能實現。這一段自問自答已具備綱舉目張的規模，重新組織並補充細節以後，便可以輕鬆寫成一篇文章。最後再根據問答中的重點，自訂一個題目——像是〈和手遊說「不！」〉、〈逮捕光陰小偷〉——就大功告成了。

寫作的過程看似繁瑣，但只要建立起時間觀念，將來寫起與時間相關主題的文章，才能言之有物，提高說服力。

三、調查報告，深入內幕

練習到這個階段，小朋友的時間觀念應該已經顯著提升。不過，日常作息的自我檢視，也不是做一次就夠了，學期中到寒、暑假，都必須一再經過調整；隨著年級的增長，課業日益繁重，也當然會有所更動。孩子每一年所製作的日常作息時間百分比圖都有保存下來的話，一一攤開來檢驗，一定會看到有趣的變化趨勢。

如果我們更進一步，多找一些孩子來練習，讓他們互相觀摩彼此的作息時間分配，然後交換改善意見，也許他們會在與同儕的對照參考中，設計出更符合實際、可行性更高的作息時間分配，甚至互相督促。

而在判讀其他人的圖表時，大人可從旁引導小朋友讀出其中的異同。我在班上帶學生製作圖表時，眼尖的孩子就發現：男生每週的運動時數，明顯高於女生。因此，在資料的整理、比較、找到異同的過程中，孩子的分析能力會開始成長。

蒐集樣本的範圍再擴大，則可以找不同年級孩子的百分比圖，供小朋友參考。或許他們看了國、高中生的作息分配，才會真真切切地感覺到身為一個小學生是多麼的幸福，從而珍惜現在的光陰。

然而，家長蒐集的樣本終究有限，即便可以看出一些現象，但終究無法禁得起嚴謹的檢視。這時，我們可以帶孩子動動手指，上網搜尋有公信力的研究機構所進行的調查，比方說：

> 世界衛生組織指出身體活動不足已成為影響全球死亡率的第四大危險因子，每年有百分之六的死亡率與身體活動不足有關。三分之二的兒童身體活動量不足，未來都將影響健康並造成公共衛生問題。[4]

讀過研究結果，小朋友保證有所警覺，說不定更加深改變作息的決心！而且，當他們習慣在寫作時援引研究資料，佐證論點，可信度自然提升，可有效引起讀者的關注。

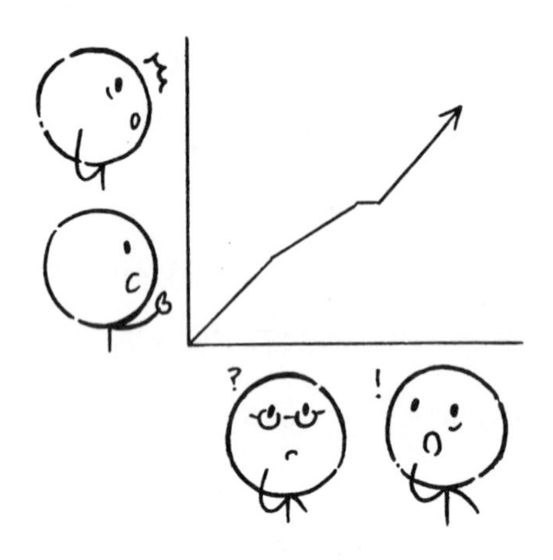

近年來的升學作文考試，越來越重視跨領域的整合與分析能力。寫作，不再局限於國文科的範疇內，而是一種可以和各個科目相結合的實用性技能。這個單元，我們打破了純文字為主的作文傳統，融合了簡單的數學計算，加強小朋友的時間觀念，改掉空洞、抽象的敘述方式，養成使用具體數據或資訊和讀者溝通的習慣，便是一個跨領域的嘗試。不只是升學考試，在數位化的時代，訊息的整合力與圖表的分析力，是出社會以後不可或缺的重要能力，從孩子小的時候就可以開始鍛鍊起。

作文老實說：「引導孩子寫作，必須緊扣他的生活經驗。」

班上有一個孩子跟我說，媽媽常出題目要他寫作。有一次，題目是〈樹〉，他想了兩個小時也寫不出個所以然來。因此，媽媽覺得他作文很差，送來上作文課。

說實在的，除非有特殊的經歷或感受，否則無緣無故要寫一篇〈樹〉，恐怕連大人都寫不出來了，何況是小孩？別說兩小時，就算寫到變百年樹人、千年樹妖，絕對還是白紙一張。因此，**引導孩子寫作，不要憑空想一個題目叫他寫，必須緊扣他的生活經驗，以提問的方式起頭，來展開對話、分享與書寫。**

「你現在讀課外書的時間越來越少了，怎麼會這樣？」或「你上高年級後，好像比較少打籃球了，是什麼事情影響你打球呢？」之類關於他們切身的問題就是不錯的提問，但要留意別使用批判式的質疑口氣。接著，便可以運用本章教的方法，重新規劃作息，將問答延續下去，直到找到問題的核心為止。

3. 詳見第四章第二節。
4. 衛生福利部國民健康署網頁，〈運動不足已成全球第四大致死因素〉（發佈日：2012/10/07、修改日：2015/01/28），https://is.gd/4JgBXU，2019年2月26日瀏覽。

四、計畫書

用計畫書鍛造意志，完成壯志，向虎頭蛇尾的人生說再見

進入正題前，先花一點時間看看這一篇作文。

第六個暑假

王大寶

韶光荏苒，光陰似箭，轉眼間，這個暑假已經是我小學階段的第六個暑假。過完了這個暑假，我就要正式告別「兒童」的身分，搖身一變成為一位「少年」，進入國中就讀。相較於國小，國中的課業較為繁重，生活步調更緊湊。即將升上國中，我應該更加獨立自主，妥善運用時間，達到事半功倍的效果。

因為這是國小的最後一個暑假，不可以再像以前一樣頹廢，我打算好好規劃。

首先，我還想繼續加強英文能力。今年九月的多益考試，我的目標是拿到八百分，所以我現在就應該開始勤加練習英文，直到考前，不可再像以前那樣愛唸不唸，得拿出滴水穿石的決心，堅持不懈。至於運動，也是不可少的，我的嗜好是騎自行車，希望我可以鍛鍊好體力，並且省吃儉用，存錢買一台公路車，明年暑假挑戰騎自行車環島。相信只要秉持堅忍不拔的意志力，便能水到渠成，完成環島夢。

再兩個月，我就要穿上制服成為國中生了，我期許自己不但身體成長，心理也要跟著茁壯。所以，這「第六個暑假」至關重要，它是小學階段與國中階段的銜接橋梁，必須要有一番作為，才對得起自己！

乍看之下，就六年級學生的程度來講，這一篇文章寫得不差，相信閱卷老師會給他不錯的分數。但坦白說，評分欄上雖然可以拿到高分，他的人生並不會因為這一篇作文而加分。

經過上一個單元的說明，我們知道：文章寫得越是清楚明瞭，作者本身也越能形成清晰的概念，對自己才會產生實質的幫助。**而文章寫得清楚明瞭的方式之一便是——善用數字或數據。**

以第一段來說，在「妥善運用時間」之前，應該要搞清楚的是「時間流失到哪裡去了？」經由〈日常作息時間百分比圖〉[5]的計算，得出準確的數字，才能確確實實把時間搶救回來，重新分配。否則，出一張嘴說要妥善運用時間，誰都會講，若是提不出具體的改善方法，依然無解。

在第三段，作者為自己設定了三大目標：準備多益考試、鍛鍊體力、存錢買公路車。如果只有一個目標還好處理，但在同一段時間內執行多項計畫時，必須有效掌握各項計畫的進展，計畫才能順利推動，如期達成。

這一篇文章裡，明顯缺少時程與每週進度的安排，整個計畫還是處於一個相當渾沌的階段。這樣的文章，可以騙得了閱卷老師，但卻說服不了讀者，更無法在自己身上產生效驗。

有夢雖美，但一個徒有動機、目標，卻沒有設定執行時程與進度，任由惰性延誤的計畫，終究還是夢一場。這個單元，來教各位使用簡單的圖表，引導小朋友擬定可提高執行力的計畫。

一、用〈甘特圖〉擬時程，監控計畫的執行

〈甘特圖〉(Gantt Chart)是由美國機械工程師，也是科學管理運動的先驅者亨利．甘特（Henry Laurence Gantt, 1861-

1919）所創，是一種運用於管理制度，協助控管進度的圖表，可清楚呈現「預計進度」與「實際進度」的落差。我們可以利用〈甘特圖〉（表4）引領小朋友，一步一步穩健地邁向他們心目中的目標。

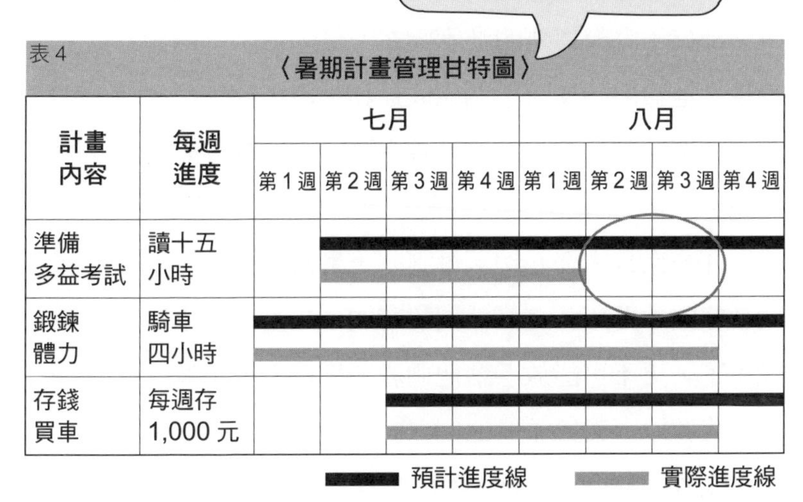

表 4

〈暑期計畫管理甘特圖〉

計畫內容	每週進度	七月				八月			
		第 1 週	第 2 週	第 3 週	第 4 週	第 1 週	第 2 週	第 3 週	第 4 週
準備多益考試	讀十五小時								
鍛鍊體力	騎車四小時								
存錢買車	每週存 1,000 元								

如圖，王大寶將暑期的三項計畫列出，再根據實際的作息情形，設定每週進度。

接著，開始畫「預計進度線」（黑線）。圖中，可以清楚看到，王大寶的準備多益考試計畫預訂從七月第二週開始，於八月第四週結束。如果每週都有達成設定的進度，則在那一週畫上一段「實際進度線」(灰線)。如此一來，實際進度是否如期達成，一目瞭然。

只要出現延遲的情形(圖中圈起處)，最好停下腳步找到原因，看看究竟是進度設定得太高，難以達到，還是被其他事情給耽擱了？假如放任延遲不處理，時間拖得越久，進度落後越多，當然更加提不起勁來執行計畫，任由它荒廢了。

當孩子完成每週的進度，在方格內畫上一條實際進度線以後，他會開始期待下週完成任務後所畫的下一條線。隨著實際進度線越畫越長，逐漸趕上預計進度線，成就感便油然而生。

許多家長求好心切，每到寒、暑假便急忙為孩子安排各式各樣的才藝班，塞滿他們的時間，完全不理小朋友受得了受不了，更不可能放手讓他們設定目標與規劃進度。

我教過一對兄弟，他們只有暑假來林口阿嬤家渡假時才會來上作文課。說是「渡假」，其實是父母把小孩寄放在阿嬤家，更何況，他們根本沒有假可放。哥哥透露，阿嬤規定他們每天七點起床背英文單字；吃完早餐後，開始一整天的補習，直到傍晚。暑假每週一到週六，都是過著同樣的生活，別說是休閒娛樂，幾乎連喘口氣的機會都沒有。每次上課，看到他們一副眼神死的模樣，真的很心疼。兩個孩子的學習效率不佳，也是意料中的事。

這兩個孩子有朝一日，終於擺脫阿嬤的掌控以後，他們會懂得為自己建立目標，安排作息嗎？一向習慣「被安排」的孩子，一旦全權負責自己的生活，八成不知所措、茫無目標，渾渾噩噩度日，恐怕連基本的時間觀念都沒有，不太可能有什麼積極的人生展望。

所以，與其一手操控小朋友的生活，不如早點慢慢放手讓他們找到目標並學習規劃進度與作息，他們才能及早獨立，找到人生方向。

〈甘特圖〉看似簡單，但在繪製的過程中，必須評估各項計畫的先後次序、拿捏好時間分配、衡量自己的負荷能力，並且顧慮到各種可能會耽誤計畫的狀況；**不但會更加認識自我、形成準確的時間觀念，還能培養規劃力與執行力，未來在職場上會發揮很大的作用。**

二、搭配〈一週時數規劃表〉，執行力再升級

〈甘特圖〉可檢視整個計畫執行期間，是否有跟上進度。然而在計畫執行的每一天，如果沒有好好規劃作息，還是很有可能把時間浪費在無謂的事情上，而無法落實每日任務；這樣日復一日，計畫必然延宕。

接下來的功課，便是要將每月的預期計畫，具體落實到每週，以至於每天。我們可利用〈一週時數規劃表〉來叮嚀我們每一天該執行的任務。

在繪製〈一週時數規劃表〉之前，建議先帶小朋友完成〈一週作息時間檢核表〉[6]。如此一來，你們會更精確的推算出可以多挪出多少時間來使用。

〈一週時數規劃表〉就像課表一樣，以七天為單位，列出每個時段應該完成的事情，如表5：

表 5

〈一週時數規劃表〉

時間起迄：8/5-8/11
任務 1：準備多益考試（每週讀十五小時）
任務 2：鍛鍊體力（每週騎車四小時）
任務 3：存錢買車（幫媽媽打字，一週九小時，存 1,000 元）

星期 \ 時段	一 (8/5)			二 (8/6)			三 (8/7)			四 (8/8)			五 (8/9)			六 (8/10)			日 (8/11)		
	1	2	3	1	2	3	1	2	3	1	2	3	1	2	3	1	2	3	1	2	3
8																					
9																					
10																					
11																					
12																					
13																					
14																					
15																					
16																					
17																					
18																					
19																					
20																					
21																					
22																					
是否達成	○		○	○	○	○	×		○	×	○	○	×		○	×	○	○		○	
未達成說明理由							表弟來我家玩			表弟來我家玩			表弟來我家玩			表弟來我家玩					

從王大寶的〈暑期計畫管理甘特圖〉當中，可以看到他每週的安排不盡相同，所以〈一週時數規劃表〉就必須每週調整。

以八月第二週為例，同時有三項計畫正在進行，我們再把它們分配到每天的任務中，設定執行的時段。選定時段以後，用色筆將該空格塗滿，看起來就相當醒目了。

表中星期一的「準備多益考試」任務，從上午十點到十一點半，以及晚上的七點到八點；幫媽媽打字賺零用錢是上午十一點半到十二點，以及下午的三點到四點。一天過去，如果確實達成當日任務，便在「是否達成」欄打圈；一週過去，當週任務全部順利完成的話，就可以在〈甘特圖〉上畫上一段實際進度線。反之，當天未完成任務，便打一個叉，並簡單說明理由。

兩個月暑假過後，一共會有八張〈一週時數規劃表〉，密切掌控計畫的執行，成功機率大幅度提高。

三、計畫書，夢想的起跑點

到目前為止，這份暑期計畫除了動機與目標，連實施方法，以及計畫執行時程與進度都已經出爐，只要把它們全部組合起來，就成為一份有模有樣的計畫書了。（圖8）

王大寶的暑期計畫書

1. 計畫動機

這個暑假是我小學階段的最後一個暑假，過完了這個暑假，我就要正式告別「兒童」的身分，搖身一變成為一位「少年」，進入國中就讀。我不可以再像以前一樣頹廢，我打算好好規劃，完成一些有意義的事。

2. 計畫目標

(1)準備多益，在九月的考試拿到八百分。
(2)鍛鍊體力，為明年的自行車環島做準備。
(3)存錢買環島用的公路車。

3. 實施方法

(1)準備多益考試：每週讀十五小時，自七月第二週開始執行。
(2)鍛鍊體力：每週騎車四小時，自七月第一週開始執行。
(3)存錢買車：幫媽媽打字，一週九小時，存 1,000 元，自七月第三週開始執行。

4. 計畫執行時程及進度

(1)〈暑期計畫管理甘特圖〉
請見頁 079
(2)〈一週時數規劃表〉
請見頁 083

5. 檢討報告

這個暑假，我過得非常充實，剛放假時所設定的目標，幾乎都有達成，讓我非常有成就感。先說說已經完成的計

圖 8

畫吧。

每週四天的騎腳踏車計畫，雖然一開始有點辛苦，差一點堅持不下去，但還是咬著牙撐過來了。即使遇到颱風，無法外出，不過我還是會到社區健身房騎自行車，以免體力變弱。兩個月下來，我發現自己在一小時之內所騎的距離從原本的十二公里，到現在已經接近二十公里了，進步不少。完成環島夢，除了要有好體力，也要有好車。這兩個月，我幫媽媽的碩士論文打字，她給我算時薪，一週可存一千元。目前已存了六千元，還差七千就可以買我看中的那款公路車，要在明年暑假前存到這個金額，不是難事。

唯一比較遺憾的是，準備多益考試的計畫沒能堅持到底。八月第二週，表弟來我們家長住，直到開學。每天晚上他都叫我陪他玩樂高，一玩就是兩、三個小時，害我沒時間讀英文，所以最後三週，都無法達到預期的標準，每週只讀了十個小時左右。幸好九月底才考試，還有時間溫習，接下來排開學後的計畫時，要特別加強這個部分。

以後設定計畫時程與進度時，必須把無法預期的狀況考量進去，準備一個備案，才能確確實實達成預定的目標。

過去每逢寒、暑假，我總是吃飽睡、睡飽吃，耍廢無極限。好在今年放假前先擬了一份計畫書，小學的最後一個假期才沒有白白浪費。現在，我可以毫無遺憾地穿上國中制服，開始人生的新階段囉！

圖 8（續前頁）

「檢討報告」是計畫結束後所寫，可檢視執行過程中的瑕疵，加以反省，下次便能擬出更趨近於完美的計畫書。同時，它也是孩子完成計畫後所立下的里程碑，他們會從中了解自己的能力，以及有待加強的地方。

寫作的目的是什麼？不是寫給閱卷老師看，博取分數而已。**寫作是一種認識並提升自我的重要工具，當然是要發自內心，寫出真實且具體的內容，對自己負責**；若是連自己都說服不了，無法對你的人生產生回饋，又如何能和讀者發生共鳴，影響他人呢？

講到「真實且具體的內容」，很多孩子寫作的毛病正是沒有內容。以這份計畫書為例，如果真切地身體力行，執行計畫，然後懂得運用圖表將抽象的概念視覺化；下筆時，只要按圖將過程、結果實實在在地寫出來，引用精準的數字，不就是一篇言之有物的好文章嗎？根本就不需要虛華的辭藻來掩飾空洞的內容嘛。

作文老實說：「敘事、數據拿捏得宜，才能發揮奇效。」

善用數據雖然可以讓文章讀起來簡單明瞭，不過如果在行文中塞進過多的數字，卻適得其反，讀者恐怕會讀到昏昏欲睡，畢竟我們的大腦比較傾向於處理故事性的描述。就算計畫書是寫給自己看的，但將來遲早得面對其他讀者，還是必須學會吸引讀者目光的技巧。因此，**敘事與數據的篇幅比例應該拿捏好，掌握「敘事為主，數據為輔」的原則來書寫。**

此外，也可以**利用比率來簡化數字**，比方說「在 6,463 車禍總件數中，有 318 件是酒駕肇事」，可以改寫成「每二十件車禍事故中，就有一件是因為酒駕肇事」或「酒駕肇事佔車禍總件數的二十分之一」，把數字縮小以後，讀者閱讀起來不但會更輕鬆，讀過後也容易留下鮮明印象。

5. 可參考第三章針對〈日常作息時間百分比圖〉的說明。
6. 可參考第三章針對〈一週作息時間檢核表〉的說明。

第三篇

空間感知力

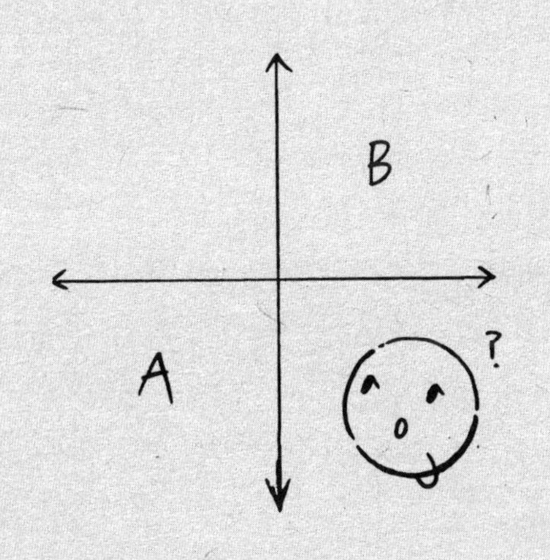

五、居家修繕／改善單

空間描寫怎麼寫？就從「抓漏」開始啦！

終於進入「空間描寫」單元了。比起時間，空間好像比較具體，容易感知，應該比較好描寫吧！── 相信這是大多數人第一時間的反應。

沒這麼容易哦，尤其當孩子剛到一個新環境，新奇的事物一下子全部跑到眼前，腦袋無法同時處理這麼多資訊。一下筆，可能東寫一點，西寫一點，寫到最後，什麼都寫到了，卻像是一盤散沙一樣，沒有把特色凸顯出來。

怎麼補救呢？並不是多背一些寫景辭彙或是陳腔濫調就救得回來 ── 寫景寫得沒有特色、沒有主題，辭藻再華麗也枉然；也不是多帶孩子出遊，增廣見聞，寫景的功力就保證會提高 ── 平時沒練習寫空間，縱使走遍千山萬水也寫不出來。

這個單元，教爸爸媽媽帶小朋友觀察空間、摹寫空間，打好寫景的基礎功。別擔心，進行這個單元，不用千里迢迢帶他們去什麼風景名勝，甚至不用出門，就以自家為起點就可以了！

一、運用全景，掌握居家環境概況

家，是孩子最熟悉的地方。如果連自己家該怎麼描寫都不知道的話，更何況是外面陌生的環境？

問題來了，雖然是小朋友閉著眼睛走都不會迷路的環境，但就是因為太熟悉了，要是請他描寫住家，一來他會覺得乏善可陳（心裡碎唸：「我家就這樣啊，有什麼好寫的？」）；二來也缺乏動機（心裡碎唸：「又不是去什麼了不起的地方，幹嘛寫？」）。

因此，**我們得創造特色，也就是在一成不變的環境中進行一點改變，增加新意，孩子才會從前後對比中，感受空間的變化。**

但在此之前，我們必須先引導小朋友從宏觀的角度觀察起，以全景式的鏡頭掌握居家的整體狀況。產生全面性的認識之後，下一節進入〈居家修繕／改善單〉的撰寫時，便能快速聚焦於某一個細節，進一步仔細觀察。

父母可以帶子女運用〈居家空間概況表〉（表6）來盤點家裡的空間，把整個家盡收於表中。

表6

〈居家空間概況表〉

	場所	用途與特色	缺點
1.	客廳	客廳是我們一家看電視、閒聊的地方，也是招待客人的場所。每週六晚上，我們一家四口會在客廳看電影。	沙發太硬，坐久會不舒服。
2.	餐廳	我們一家用餐的地方。因為餐桌很大一張，我時常在這裡做美勞。	移動餐廳的餐椅時，會發出刺耳的聲音，很吵。
3.	浴室	我們洗澡、上廁所的地方。裡面有一間淋浴間，洗澡時，水不會濺到外面。	沒有浴缸，不能泡澡。
4.	陽台	晾衣服、放資源回收物品的地方。從窗戶望出去，可以看到遠方的青山，風景不錯。	亂得要命，雜物、垃圾堆得跟山一樣高。
5.	臥房	我和哥哥睡覺、寫功課的地方，角落有遊戲區，陳列我們收藏的模型。	跟哥哥共用同一間臥房，讀書或睡覺的時候都會互相干擾。

填表時，可以帶小朋友在家裡邊走邊觀察，先用口頭敘述，之後再寫下來。「用途與特色」，他們應該相當熟悉，但「缺點」可能就要實地考查過才會回想到問題所在。我在課堂上帶學生填寫〈空間概況表〉時，是以這間補習班作為觀

察對象，讓他們分組競賽，看哪一組能夠完整找到所有場所，並準確判斷它們的用途、特色及缺點。由於競賽發揮了激勵作用，他們無不傾盡全力把整間補書班給翻遍，試圖把表格填到盡善盡美。所以，爸媽帶小朋友進行〈空間概況表〉時，不妨多找幾個同齡的孩子一起參加，會提高他們的參與度。

這個練習的目的在於訓練孩子從不同觀察角度（視角）檢視空間的能力，而在檢視之前，得把所有視角羅列出來。

描寫空間時，如果只局限於單一視角，自然無法帶領讀者認識這個空間的全貌而顯得膚淺；反之，要是能夠掌握全局，並且靈活切換觀察視角，就彷彿空拍機的視野一般，一覽無遺。以居家空間的主題來說，把視角羅列出來就是：

■ 客廳／餐廳／浴室／廚房／陽台／主臥房／臥房／客房……

羅列視角的技巧不只能運用在空間描寫上，也能應用於其他方面。比方說，在進行以「媽媽」為主題的人物描寫時，視角就是：

■ 媽媽的外表／內在／職業／興趣／休閒／夢想／習慣／交友／教育方式／待人接物／爸爸眼中的媽媽／阿嬤眼中的媽媽……

描寫「一場獲勝的比賽」的事件時，可書寫的視角像是：

■ 賽前的準備／賽前遇到的挫折／賽況／自己的表現／隊友的表現／對手的表現／觀眾的反應／教練的反應／獲勝的當下／慶功宴……

當然，並不是要將所有列出來的視角都寫進文章中，這樣反而會模糊焦點。但動筆時，看著這些自己羅列出來的視角可以輔助回想與聯想，然後從容地從這些視角中選擇敘述的主軸，搭配使用，避免陷入單一視角的盲點中。因此，引導孩子寫作，最好先提醒他把想到的視角記下來，寫起文章才會更加流暢，不至於顧此失彼；這也是一種擬草稿的方式。

回到這張〈居家空間概況表〉，假如孩子已經運用自如，再慢慢提升難度，換範圍更大的觀察對象，像是公園、校園、賣場、遊樂園……等等，逐步鍛造掌控全局的空間描寫力。

二、運用特寫，親子一同來「抓漏」

上一節我們運用全景鏡頭觀察整個家，這一節則要運用特寫鏡頭，聚焦於細節，深入描寫。我們可以利用〈居家修繕／改善單〉來試試。

〈居家修繕／改善單〉，顧名思義，就是記錄家中需要維修、增添設施的表單（修繕），或是可以再升級，提升生活品質的地方（改善）。

家裡有什麼狀況會干擾到生活？對於長時間在這個環境中作息、活動的小朋友來說，一定不難察覺。然而，如果家中沒有一套給孩子回報狀況的機制，大人也沒有發覺問題，給它擺到爛；久而久之，當小朋友「習慣了」，或是覺得「這不干我的事」、「講了爸媽也不會處理」，他們參與家庭事務的熱誠度與發現問題的敏銳度就會慢慢降低，甚至無感。到這個時候，再來責備他為什麼不多關心自己的家，已經太遲了。

身為家中的成員，小朋友也必須為這個家盡一分心力，不能只顧著低頭滑手機或埋頭苦讀。不一定得要求他們會維修（會的話當然最好），但至少，家裡有什麼需要修繕的地方？都應該鼓勵小朋友主動觀察、立即向家長回報，再一起商討處理方法。

我們試著用〈居家修繕／改善單〉（表7）來建立回報機制，不僅可以提高孩子對於居住環境的關注程度，還能夠培養觀察力與感受力。

這個狀況，造成什麼困擾？

鼓勵小朋友發揮創意，想想看如何解決？即使他們的答案並不可行，但可以刺激他們動腦思考，而不是把問題全部丟給父母。

對於孩子提出的建議修繕／改善方法，就算荒誕不經，爸媽也千萬不要嘲笑他們。如果你也不知道如何解決，那就發揮一點耐性，動手查查看，再跟孩子說明處理方法。

記得把修繕/改善前後的照片拍下來，貼在這裡來比較看看。看圖說話，小朋友會描述得更加具體。

表 7

〈居家修繕／改善單〉			請修者：李大寶
發現時間	半年前	**修繕／改善項目**	移動餐廳的餐椅時，聲音很大
狀況描述	每當有人挪動餐椅時，餐椅跟地面磨擦會發出刺耳的聲音。如果碰撞地面發出巨響，在房間睡覺或讀書都會嚇一大跳。		
預期成果	挪動餐椅時不會發出噪音。		
建議修繕／改善方法	在椅腳黏棉花，也許可以改善這個問題。		
爸媽的回覆	爸爸：用棉花黏的話容易脫落，不太方便。市面上有在販售專用的椅腳隔音止滑墊，貼上去之後會改善這個問題。		
修繕／改善前、後對比照片			
修繕／改善滿意度	★★★★☆		
修繕／改善成果	餐椅好像穿上了襪子一樣，很可愛。重點是，移動椅子的時候幾乎沒有磨擦聲，碰撞地面的聲音也不是很明顯，不會干擾到我睡覺與讀書。 但是買隔音止滑墊要花錢，而且顏色與款式的選擇比較少。我上網搜尋時，看到有網友使用不要的舊襪子自製隔音止滑墊，每一隻椅腳穿上不同樣式的襪子，超好看的啦！我們的餐桌椅也需要止滑墊，我想自己動手試試看。		

〈居家修繕／改善單〉需要親子協力完成。舉凡燈管閃爍、牆壁滲水、冰箱出現異味、房間隔音不良、桌角尖銳處容易發生危險……等居家常見問題，孩子只要用心觀察，應該不難察覺；對於孩子發現的狀況，爸媽得花點心思，想想解決方法，或上網查詢，然後跟孩子解釋。動工前、後的照片，別忘了拍下來貼在表單上，孩子寫起修繕／改善成果時，才有圖像可供參考，有助文字表達。

狀況順利排除後，表單不要丟掉，每一張都好好保存起來。一段時間以後，一一攤開來重溫，便會看到這個家在親子攜手改造之下的成長歷程，會很有成就感哦！此外，孩子對家的認同感與責任感也會相對提升。再來，由於老毛病已移除，帶來全新的感受，小朋友會從前後對比中，看到變化，練習意願一定會更高。

為什麼要特別強調「前後對比」？

對讀者來說，故事性的描述比起直白僵硬的描述，更具有魅力。舉個例子：

A. 鞋櫃一塵不染，裡面的鞋子排得整整齊齊。

這就是直白僵硬的描述，只不過陳述眼前所見的景象而已。

B. 原本鞋子丟得亂七八糟，裡面充滿腳臭味、霉味的鞋櫃，經過妹妹的整理，現在已經一塵不染，鞋子排得整整齊齊。

B句明顯比A句吸睛。道理很簡單，因為讀者讀A句時會覺得這個鞋櫃「本來就這樣嘛，有什麼了不起？」但在B句中讀到的卻是鞋櫃的「辛酸血淚史」，會在腦海中出現鞋櫃改變前與改變後的畫面，甚至產生「哇！好療癒哦！」的感覺。

所以，**重點就在於——變化。即使是簡短的文句，只要能讓讀者看到其中的「變化」，便具有故事性**。許多廣告也是利用這個原理來引起消費者的注意，像是患者治療前後的變化、設施改造前後的變化……等等。所以這個技巧也可以運用於人物、景象……等的描寫上。

前面提過，很多孩子描寫環境像亂槍打鳥，看到什麼寫什麼，毫無特色可言。這個單元的練習，正是要提醒爸媽：為孩子做足準備，提高感受力，即使只聚焦在一個不起眼的點上，也可以發揮得很好——重點在於是否掌握明確的主題。

三、小小室內設計師，打造溫馨小天地

要找到居住環境裡的小缺點應該不難，因為它畢竟只是一個「點」。這一個單元，我們再帶小朋友把視野拉高，用「線」串連更多「點」，涵蓋更多範圍，看到整個「面」，並利用〈居家修繕／改善單〉來提升生活品質，一同打造專屬的「小天地」。

每一個人都嚮往擁有自己專屬的「小天地」，在這裡，可以享受不受干擾的自由，專心致志地做自己想做的事，獲得安全感。

我們班上有一個女孩，因為跟年幼的弟弟共同使用一個房間，讓她困擾不已。每次她在讀書或是看漫畫時，弟弟就會無所不用其極地騷擾她。跟爸媽告狀效果也不大，只能得到片刻寧靜，弟弟沒多久又故態復萌，她只好頻頻往圖書館跑。

某堂課，我們進行空間描寫練習，以自家作為觀察對象，並提出改善居住環境的構想。她突發奇想，打算把客廳角落那台早就沒在使用的鋼琴丟掉，多出來的空間再加以區隔，搖身一變成為一間獨立的小書房。

隔了兩週的作文課，還沒上課，她便興沖沖地跑過來。

「老師，我媽看了上次我寫的〈居家修繕／改善單〉以

後，真的把鋼琴丟了，還找裝潢師傅來做隔間，現在我真的有自己的書房了耶！」

原來，媽媽不是沒有注意到女兒被弟弟騷擾的問題，但因為平常工作、家事繁忙，無暇思考對策。一經女兒提醒，才發現有限的空間居然可以這樣運用，當然立刻付諸行動。從此以後，她不用再往圖書館跑，因為家裡就有一個最溫馨的小天地了。

不過，比起單純的「抓漏」，打造小天地的話，就有更多細節需要親子之間充分討論，商討可行性與施工流程。但不要緊，〈居家修繕／改善單〉也派得上用場。來看看表8：

先找到一
塊打算改造
成「小天地」
的地方。

表 8

<table>
<tr><th colspan="4">〈居家修繕／改善單〉　請修者：李大寶</th></tr>
<tr><td>發現時間</td><td>長久以來</td><td>修繕／改善項目</td><td>陽台亂得要命，一堆雜物、垃圾</td></tr>
<tr><td>狀況描述</td><td colspan="3">陽台角落堆放太多不要的家具、電器用品，還有一大堆資源回收。每次爸爸都說倒垃圾的時候要順便丟，但是資源回收車真的來的時候，他又嫌太重，懶得拿下去，現在已經堆積如山了……</td></tr>
<tr><td>預期成果</td><td colspan="3">如果把陽台的雜物清乾淨的話，會多出一塊空間，再好好整理一下，可以變成我的「閱讀小天地」。</td></tr>
<tr><td>建議修繕／改善方法</td><td colspan="3">1. 跟媽媽、哥哥合作，把不要的雜物，全部搬去回收。
2. 好好打掃一下，清出一塊空間。
3. 買閱讀椅、茶几與檯燈放在這裡，或是買一些盆栽來布置環境。</td></tr>
<tr><td>爸媽的回覆</td><td colspan="3">媽媽：很棒的點子，超級期待！不過資源回收車不收舊家具，必須打電話給環保局叫大型回收車來收。至於閱讀椅，可以拿我房間的那一張去用。那麼，我們禮拜天開始動工吧！（你爸那個懶蟲就不必理他了）</td></tr>
<tr><td colspan="4">修繕／改善前、後對比照片</td></tr>
<tr><td colspan="2"></td><td colspan="2"></td></tr>
<tr><td>修繕／改善滿意度</td><td colspan="3">★★★★☆</td></tr>
<tr><td>修繕／改善成果</td><td colspan="3">一直以來，我都沒有獨立的閱讀空間，讀書、寫作時都會跟哥哥互相干擾，非常不方便。因此，我才想把陽台這一塊堆滿雜物的空間好好利用一下。
沒想到整理出來的空間比想像中還大很多耶！幾乎可以把我的單人床擺進去。原本堆滿雜物的陽台，看起來很陰暗，現在也變得很明亮。還有綠色植物的點綴，充滿生氣。
坐在閱讀椅上看書，比坐在書桌前還舒服一百倍，白天可以不用開燈，使用自然的日光，而且通風超好，令人心曠神怡。閱讀椅面對大街，累的時候還可以看看窗外，放鬆一下，很適合放空，感覺就像是坐在露天咖啡座喝下午茶一樣。
現在每天放學回家，最期待的就是來我的小天地讀書、寫功課，效率不錯。中秋節的時候，全家還可以在這裡烤肉呢！（沒貢獻的爸爸除外）</td></tr>
</table>

從發現問題、描述狀況、提出改善方法、和父母溝通，到最後動手布置，小朋友的空間感受力也建構起來。在改善前、後照片的比較中，也能夠輕易發現落差，很快便能完成一篇描寫小天地的短文。

寫景練習以自家為起點，是一個不錯的開始。但第一步，必須在孩子的腦海中建立一個全景的畫面，產生一個全盤的輪廓。接著，帶領小朋友在平凡的居家環境中，發現可以升級的地方，製造出不平凡的特色，再就這個特色，展開局部的特寫。**描摹戶外的景色也是如此，要是能夠靈巧地操控觀察的鏡頭，全景與特寫交替運用，才能兼具宏觀與微觀，寫出生動、立體的寫景文章。**

尤其可貴的是，在親子一同動手修繕或改善空間的過程中，孩子原先模糊的空間感知也越來越具體。完工後，那種喜悅與驕傲，更是寫作動力的來源。當他們在享受小天地時，也別忘了提醒他們記住當下的感觸，並把它寫進文章中，達到「情景交融」的效果。

〈居家修繕／改善單〉用得上手以後，孩子的空間感受力一定會有顯著成長。接下來，若你家有重新裝潢的需要，也不妨試著運用室內設計軟體，和孩子們一同規劃；暫時沒這個需要的話，那也可以帶孩子走出家門，放眼外面的世界，進一步培養空間地理概念。

作文老實說：「家事力，就是孩子的寫作力。」

這幾年教學下來，我發現，平時習慣做家事的孩子，寫作上的表現越好。雖然沒有經過精密的統計，但我猜測「家事力」與「寫作力」之間，應該存在著正相關。也許是因為**他們在動手實作的過程中，不知不覺累積了比較多的體驗，甚至是體悟，因此只要稍微提醒，馬上能聯想到做家事的經歷，將它轉化為寫作題材**。再說，很多大考的作文題目其實都可以從做家事的經驗著手，加以發揮。例如：

■〈青銀共居，好家哉？〉（108 會考）

政府提倡的「青銀共居」政策，目的在推動青年與「沒有血緣關係」的銀髮族共享居住空間，但根據提示「請說你與年長者的相處經驗，或生活周遭的觀察，表達你的感受或看法。」所以考生可以從「有血緣關係」的長輩寫起。平時有在參與照料長者或和長者一起做家事的孩子，自然不會輕易被題目嚇到。

■〈在這樣的傳統習俗裡，我看見……〉（106 會考）

有宗教信仰的家庭，一年到頭，要進行許多祭祀或慶典；即使沒有宗教信仰，逢年過節，也有不少習俗與習慣。有在幫忙做家事的孩子，對於傳統習俗自然不陌生，不怕沒題材寫。

■〈從陌生到熟悉〉（105 會考）

從一個看到馬桶刷、通便器就噁心反胃的孩子，到成為廁所清潔達人，也是一段由陌生到熟悉的過程。你以為洗廁所、通馬桶這種骯髒的事情不能寫進作文？錯！寫作內容沒有髒不髒的問題，只有真不真的問題。

■〈面對未來，我應該具備的能力〉（103 會考）

我有一個國中的學生，每當他們家準備家庭出遊，不管是國內還是國外，爸媽都要求她參與或是主導行程的規劃。在上網或上圖書館搜尋資料，並加以組織、利用的過程中，她的信息整合力便大大提升——而信息整合力，正是未來應具備的能力之一。如果由她來處理這個題目，只要以自己的經驗為例，絕對超有說服力！107 年的會考作文題目〈我們這個世代〉，同樣可以從這個角度切入探討。

例子是舉不完的。所以呢，別再怨嘆自己的孩子為何腦袋空空、胸無點墨了，請記住——**你家，就是孩子的一個龐大的寫作資料庫**。從孩子小的時候，為他們建立對家的認同感與責任感，培養做家事的習慣。總有一天，成效會回饋在他們的寫作能力上。

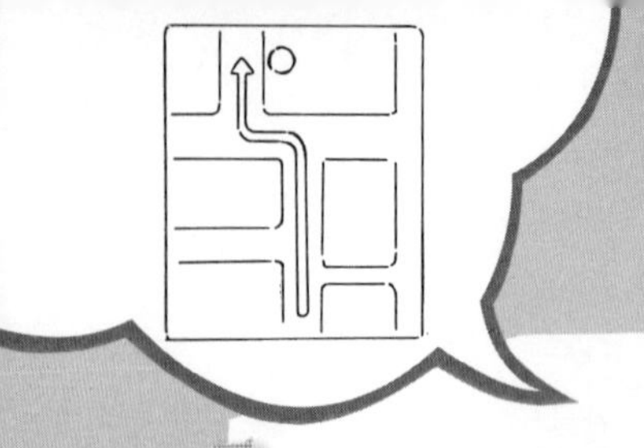

六、路線圖

「路痴救星」幫孩子建構方向感與地理概念，空間描寫功力再升級

有一次，我在課堂上帶學生們寫徵稿的文章，完成後，我請他們在空白處寫下投稿所需的基本資料。我看到其中一個孩子寫的「地址」，差一點暈倒，他寫：

林口區文化三路扶輪公園旁

「扶輪公園旁」？這是什麼門牌號碼？不知道的人可能會以為這是遊民的地址。這個孩子當然不是遊民，但卻是一個即將升上六年級的學生，連自家地址都不清楚，哪天一個人上街迷路的話，該怎麼回家呢？後來才發現，原來這個孩子不管到哪裡，無論遠近，都由媽媽接送，所以對他來說，自然沒有知道自家地址的必要了。

在少子化的時代，父母總是把孩子保護得無微不至，不放心讓他們自己一個人上街。總以為等他們長大了，一打開家門便會辨別方向、使用交通工具。然而，地理概念並不是哪一天孩子年紀到了，腦袋就自動「下載安裝」，父母一定得適時放手，給孩子嘗試的機會，慢慢累積經驗。

隨著地理概念逐漸具體成形，小朋友的空間感知也會相對提升，在進行空間描寫時，才能從宏觀著眼，微觀著手，掌握遠、近視野，寫出有層次、有深度的文字來。

上一個單元，我們以「家」為起點，利用〈居家修繕／改善單〉練習空間描摹。這個單元，我們再把範圍擴大，請爸媽放手，鼓勵孩子走出家門，為他們培養方向感與地理概念。

當然，練習時要把握「由近及遠」的原則，別一下子設定太遠的目標。否則，如果他回不來的話，這就不是「放手」了，而是「放生」……

一、以自家為起點，動手畫路線圖

就算你很少帶孩子出遠門，但至少應該很常帶他們在自家附近走動吧。我們就以自家為起點、熟悉的環境為範圍，開始來畫路線圖。不妨參考以下步驟，一步一步完成。

（一）預設目的地，並畫出街道輪廓

請小朋友選擇想去的目的地，然後在紙張上標示出自家位置，在旁邊寫下地址，並畫出附近的街道輪廓，再把目的地標示上去。

接下來，拿出不同顏色的筆，把平時會走的路線畫上去，就完成了，如圖9。

小朋友如果是第一次畫路線圖的話，可能毫無頭緒，家長可以協助他畫出街道輪廓，再由他自己畫出路線。

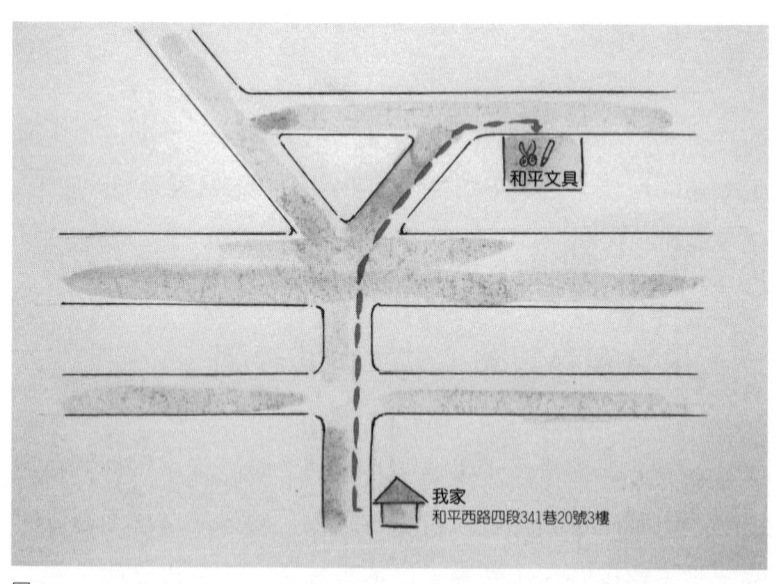

圖9

（二）標示出印象深刻的地點

由住家前往目的地的路途中，有哪些印象深刻的人、事、物？請孩子一一標示出來。標示時可用圖畫，增加視覺效果與趣味性。

接著，對於印象深刻的點，就在旁邊空白處用文字簡單說明，如圖10。如果常走的路線不只一條，也可以和他們聊聊最喜歡哪一條？以及為什麼喜歡？

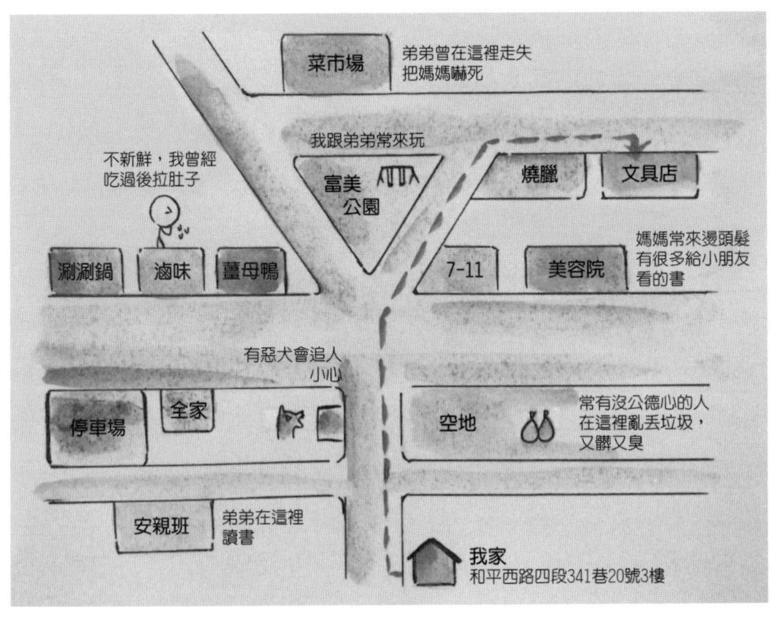

圖 10

（三）標示出正確的路名

完成前面兩個步驟以後，小朋友已經在腦海中建立起住家附近地理位置的輪廓，空間感大幅提升。然而，這個時候，問他從自家到目的地怎麼走時，他一定會說：

> A. 出門右轉，走到大條的馬路，過紅綠燈後會出現岔路，走7-11那一條。一直往前直走，會看到一間燒臘店，燒臘店右轉就到了那間我最愛去逛的文具店了。

這段描述乍看之下沒有問題，不過如果你對這個環境完全陌生，然後要根據這段描述到現場，打算找這一家文具店，可能會遇到三個問題：

1. 哪一條馬路才算是「大條」？
2. 7-11與燒臘店搬遷了怎麼辦？
3. 一直往前直走，是要走多遠還是多久？

因此，沒有指出路名或是大概距離的話，整個描述還是非常模糊。小孩也許不清楚路名，可能連大人也無法準確說出每一條路的名稱，此時，就是Google Map派上用場的時候了。爸媽帶小朋友上網操作Google Map，一一找出路線圖上的路、街、巷、弄的名稱並填上去，如圖11。完成後，還可以使用街景功能，用手指頭代替雙腳，進入螢幕裡的街景，親自跑一趟，推估大概距離。

執行完這個步驟後再讓他們敘述看看，絕對更加清晰。

B. 出門右轉，走到〔平和西路二段〕，過紅綠燈後會出現岔路，〔走308巷那一條〕，巷口有一間7-11。一直

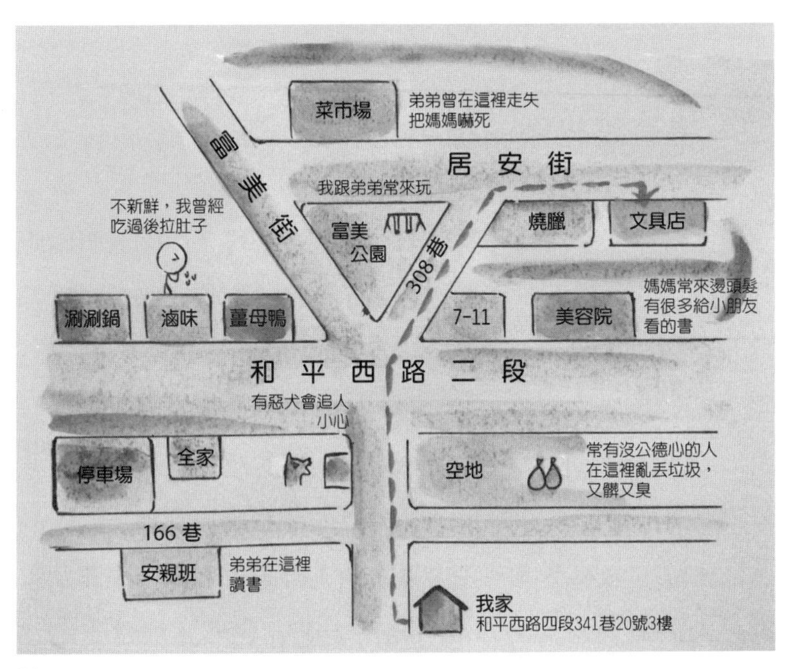

圖11

往前直走約〔三十公尺〕會看到〔居安街〕，轉角有一間燒臘店，右轉後〔約五公尺〕的地方，就是那間我最愛去逛的文具店了。

明確標示路名及大概距離後，敘述就具體多了，不怕找不到，原先當作路標的店家也可以保留下來輔助辨別。

寫作時，最忌諱使用模稜兩可的詞彙；反之，詞彙用得越具體，讀者越容易進入狀況，可讀性也隨之大增。在描述路線的練習中，便是在為小朋友養成運用準確路名，以及用數字說明距離的習慣，讓敘述具體化。

二、帶著路線圖，上街走一回

你對你住家附近的環境一定熟悉得不得了，閉著眼睛走都不會迷路。然而，仔細想想，你是真的對每一條巷、弄都瞭若指掌？還是，只是對於經常使用的路線比較熟悉而已呢？

以我自己為例：我住在台北文山區的萬興國小附近，多年以來，無論是前往公車站、騎車或是開車，都是走固定的三條路線，再熟不過，我也以在地人自居。直到後來開始養狗，由於每天遛狗的緣故，走著走著才慢慢遠離常走的路線，走進巷弄之中。有一回，我不經意鑽進一條巷弄，頓時眼睛一亮，簡直進入另外一個世界——

一連幾棟紅磚砌成的舊式房屋整齊劃一地陳列在眼前，在高聳的新式建築環繞之下，更透顯出古色古香的風味。徜徉其間，彷彿穿越時空到半個世紀以前，那個車少人稀，民風淳樸的年代。我完全無法想像，這裡跟我熟到不能再熟的路線，僅僅三分鐘的腳程。

上網一查，才知道這裡是「化南新村」，它是政治大學在六十年代興建的教職員宿舍，歷史悠久。如果不是為了遛狗，說不定我終其一生不會發現這一塊世外桃源，真是何其相近，又何其遙遠呀。

我之所以差一點錯過化南新村，其實是被「熟悉感」所矇騙。因為長久以來，我一再重複走同樣路線，早就習以為常，也不覺得有換路線的必要。所以，對一個環境太過熟悉也不見得是好事，反而會讓空間感知安於慣性而變得遲鈍。後來，我每次遛狗時，都嘗試走不一樣的路線，果然在極其熟悉的環境中，又發現許多意想不到的驚喜，總算真正了解這一帶。

小朋友在繪製路線圖時，大概也自以為熟門熟路。究竟如何呢？實際上街走一趟就能見真章。

有空帶著孩子，根據他所繪的路線圖，照他預設的路線走一遍，沿路可以隨時補充忘了畫上去的重要事物。接下來，要注意囉——回程時試著走平時不會走的路線，看看它通到哪裡？路上有什麼新鮮的東西？邊走邊跟孩子繼續擴充他的路線圖，就像螞蟻挖洞穴一般，挖到四通八達的地步。如果發現什麼新奇的

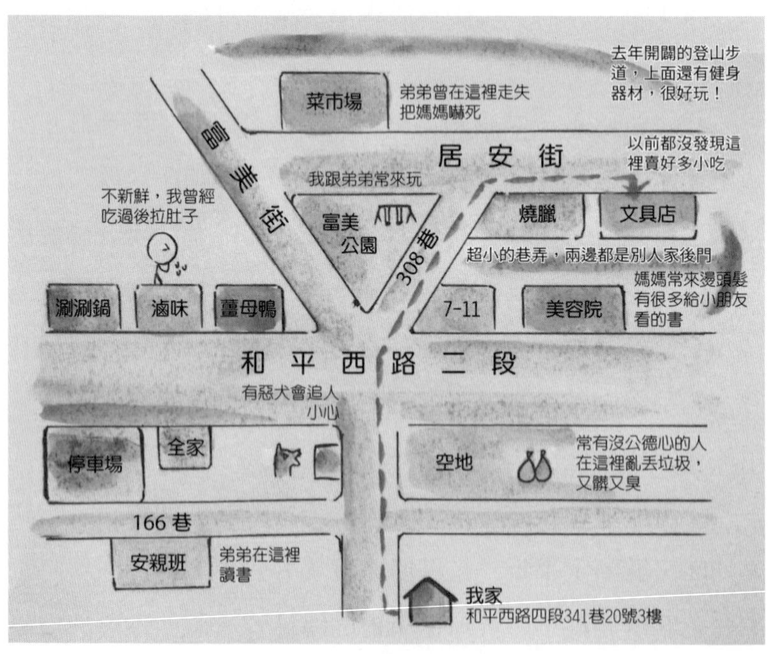

圖 12

事物，請他們立刻筆記在空白處，如圖12。當路線圖越畫越精細，小朋友的地理感知也在不斷跳出既有路線框架的同時，越來越活化。完成後，看著自己製作的這張像是藏寶圖的地圖，一定相當自豪。

這個階段的練習目的，在於培養孩子從不同角度觀察環境的能力。因為假如老是觀察熟悉的路線，一定覺得爛熟的環境根本乏善可陳；不過一旦突破熟悉感的限制，發現新奇的事物時，才會重新點燃探索環境的興趣，並產生寫作動力。

三、以學校為終點，自己上學去

我住台北，作文教室在林口，開車去上課總是走國道一號，早就習以為常。直到後來為學生設計〈路線圖〉的教材，仔細研究地圖，才赫然發現——我以為自己是開車往南到林口，其實是往北開到林口！

可能是因為從台北上國道一號後，路標指示往南，但實際上在到林口之前，國道幾乎都是橫向的，過林口後才轉向南，所以產生一種往南開的錯覺。如果沒有設計這堂課，我幾乎要被這個錯覺騙一輩子了。

越是熟悉的環境，反而越容易陷入方位的盲點。不展開地圖，跳脫直覺的誤導好好觀察一番的話，就會像井底之蛙一樣，活在自己想像的世界裡。

大人尚且如此，何況是孩子呢？

動手畫過路線圖，並使用準確的路名與距離描述路線後，而且還親自上街實地考察了幾遍，小朋友的地理概念與空間描摹能力想必大幅增加。事不宜遲，我們再把Google Map的視野拉高，涵蓋更大範圍，繼續拓展他們的空間感，強化地理概念。

我們在Google導航上設定自家到學校，帶小朋友看看兩者的相對位置如何？（假如學校剛好就在你家旁邊，就另外找較遠的地點來設定。）如果小朋友有興趣的話，也可以讓他繼續擴充〈路線圖〉，涵蓋自家到學校。

當他們透過地圖了解兩者的相對位置與方位以後，重點來了——

平時由父母接送的小朋友，一上車不外乎就是睡覺、滑手機、吃早餐……，絕對提不起興趣觀察路上的景象，可能連怎麼前往學校都不知道。不過如果是自己步行前往或搭乘大眾運輸工具就不同了，他必須學會認

路、辨識公車、注意哪一站下車、轉乘位置……等等。過程中，得強迫自己用心觀察、動腦思考，如此一來，對於周遭人、事、物的觀察自然更加深入，感受力更為強烈。

爸媽在孩子低年級的時候，利用空閒多陪他們坐車去上學，順便教他們搭乘大眾運輸工具的常識，以及遇到緊急狀況時的應變方法。到他們中年級以後，再慢慢放手，試著讓他們自己上學與放學（頭幾次偷偷在後面跟蹤他們會比較妥當）。

不過在上路前，我們得先做一點功課，帶孩子來完成〈路線說明表〉（表9）。

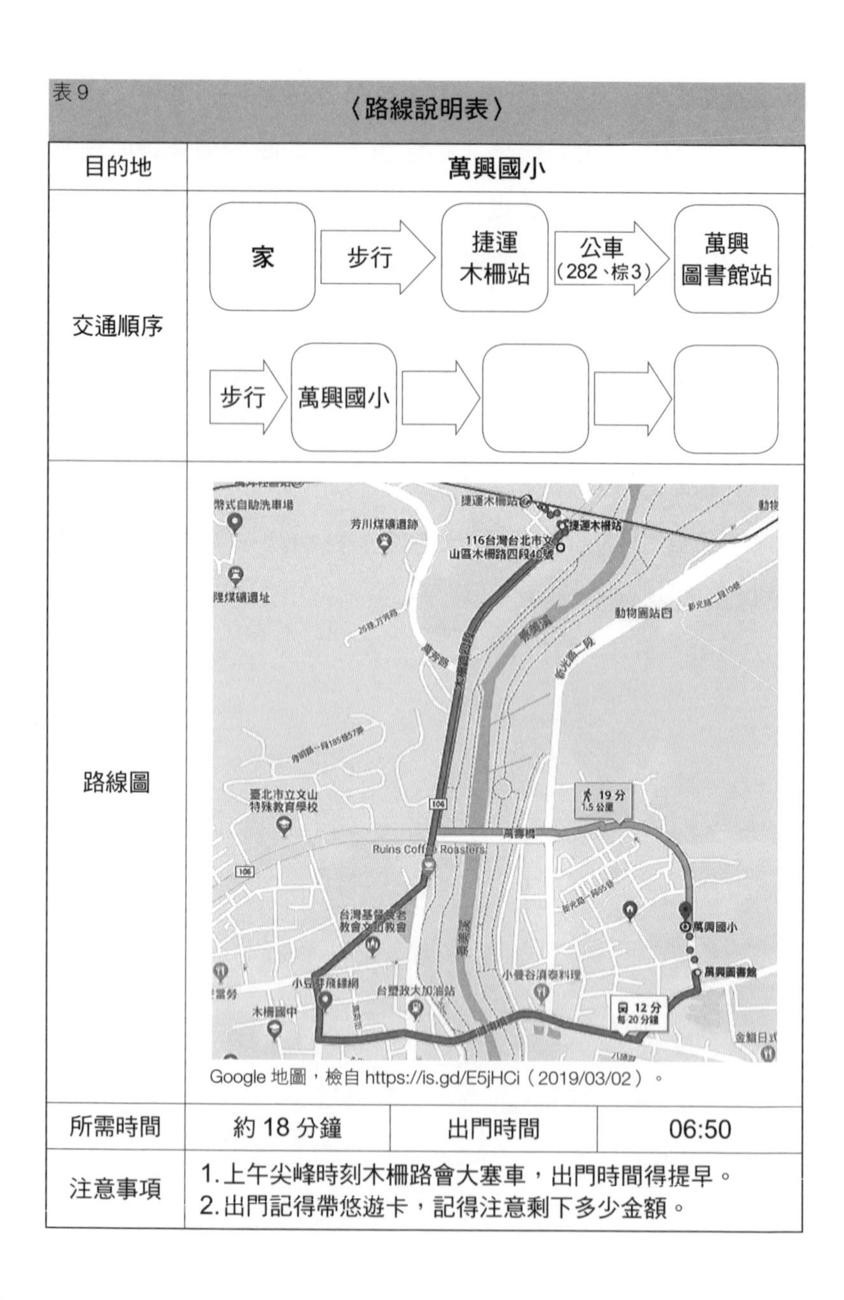

表 9

〈路線說明表〉

目的地	萬興國小		
交通順序	家 → 步行 → 捷運木柵站 → 公車（282、棕3）→ 萬興圖書館站 → 步行 → 萬興國小 → （空格）→ （空格）		
路線圖	（地圖）Google 地圖，檢自 https://is.gd/E5jHCi（2019/03/02）。		
所需時間	約 18 分鐘	出門時間	06:50
注意事項	1. 上午尖峰時刻木柵路會大塞車，出門時間得提早。 2. 出門記得帶悠遊卡，記得注意剩下多少金額。		

乘車資訊可以利用Google導航查到，但一來小朋友可能無法帶手機上學，二來在還不熟悉公車路線時，一旦在乘車的當下要找手機確定是否坐錯車或坐過站，一定會手忙腳亂。因此，寧可出發前花一點時間，和孩子一起將交通資訊整理成表格，列印下來攜帶在身上，途中隨時攤開來查看會比較方便。

孩子完成第一次上學或回家的壯舉之後，除了給他鼓勵之外，也別忘了坐下來好好聊聊，像是：

1. **上學或回家途中，有沒有遇到什麼狀況？（如果有，請孩子自行寫在「注意事項」欄內，提醒自己留意，日後也可以繼續增補。）**
2. **跟爸爸媽媽接送比起來，自己上學、放學有什麼不一樣的感覺？**
3. **途中有看到什麼印象深刻的東西？**

熟悉上學的路線以後，再試著提高難度，設定比較遠的目的地，甚至搭客運、火車到外縣市，都是不錯的體驗。

導演吳念真在他的自傳式繪本小說《八歲，一個人去旅行》中，描述八歲那年，被爸爸強迫從九份搭車到宜蘭阿嬤家的經歷。這段路程，以往都有爸媽陪同，但這一次，是自己一個人上路。雖然一開始忐忑不安，然而途中的風景、陌生的乘客都在他的悉心觀察之下，留下極為鮮明的印象。直到成年後，這段經歷仍舊是吳念真揮之不去的記憶。

可見，獨自上路的體驗會深深烙印在腦海中。反之，如果有一個可依賴的人同行，腦袋裡地圖雷達的偵測能力便會自動調降到最低，對於空間的感受、環境的掌握，也就不夠敏銳。所以，鍛鍊小朋友的地理概念與空間感知的不二法門正是——與己同行。

作文老實說：「掌握時代的工具，才是提升競爭力的關鍵。」

許多家長視3C產品為孩子的頭號公敵，既擔心小朋友會近視，又害怕他們會成癮，於是處心積慮限制子女使用3C產品的時間，或甚至完全禁止使用。然而，在數位化的時代，孩子無法掌握3C產品這項重要工具，就好像狩獵採集時代不准用弓箭、農耕時代不准用犁一樣——那究竟是要吃什麼啦?!

尤其是在這個知識更新速度飛快的年代，如果閱讀還是局限於紙本，而拒斥數位化的話，很容易和時代脫節。當別人在日行千里時，孩子還在那裡土法煉鋼，年行一里，根本沒有競爭力可言。所以，**父母千萬別因噎廢食，重點在於教育孩子使用工具的正確方式與習慣來提升學習效率。**

孩子不會寫遊記?!你真的有讓他「參與」旅遊嗎？

每到連續假日，許多家庭便會排定出遊行程。對孩子來說，出去玩當然很開心，但放完假後，老師說不定又會出「遊記」的作文——想到就頭痛啊！

要如何引導孩子寫遊記呢？我想，這是很多爸爸媽媽的疑惑。在回答這個問題之前，先反問各位家長一個問題：

你的孩子真的有參與旅遊嗎？

你的孩子真的有參與旅遊嗎？

你的孩子真的有參與旅遊嗎？

因為很重要，所以問三次。

「明明孩子都有跟著一起去玩，怎麼會沒參與呢？」

要知道，**「跟著去玩」是一回事，「參與旅遊」又是另一回事。**

我曾經教過一對姊妹，爸媽常帶她們去露營，但每次寫到旅遊相關的題目時，她們總是不知道該寫些什麼。一問才發現，旅途中，她們總是上車睡覺、下車尿尿；到了營地，兩人開始拿出手機、平板滑到忘我。到最後，連我問她們去哪一個縣市露營，倆姊妹都一問三不知……

如果小朋友根本沒有「參與」旅遊，那怎麼可能寫得出遊記呢？

所以，遊記不是回到家，坐在書桌前才開始寫的。行前，爸媽就得開始動腦想想——如何提高孩子的旅遊參與度？

一、行前：放手讓孩子規劃行程

所謂「參與」，是讓孩子在行程前的規劃就參與討論，甚至適時的放手讓他們設計行程。一旦他們一同制定行程，不僅可以培養規劃能力與地理概念，更可以增進參與感，提升感受力。旅途中，當景點一個接一個按照他們預定的計畫達到，成就感也油然而生。如此一來，寫遊記的前置作業就完成了！

不過，行程規劃對年紀較小的孩子來說比較困難，他們還無法全盤考量諸如車程、往返距離、食宿……等細瑣問題。這時候，我們可以運用〈景點渴望度等級表〉（表10）來完成初步的行程安排。

父母可以陪同孩子上網查資料，針對將要前往的地點安排幾個想去的景點，然後依照想去的程度區分為超想去玩、普通想玩和可以不玩。「超想去玩」，當然是孩子最想去的地方；「普通想玩」，是雖然想去，但比不上「超想去玩」這麼有吸引力的地方；「可以不玩」則是時間不夠時可捨棄的景點。

填表時，小朋友可能會貪多，看到什麼好玩的就全塞進「超想去玩」中。因此，我們要提醒他，把預計到那裡從事的活動填進去，假如發現雷同的活動，就要懂得割愛，放到「可以不玩」的欄位，若有剩餘的時間再說。

表 10

〈景點渴望度等級表〉
目的地：綠島

超想去玩 ★★★★★	普通想玩 ★★★	可以不玩 ★
◎柴口 活動：浮潛	**◎綠島燈塔** 活動：看海、看燈塔	
◎朝日溫泉 活動：泡溫泉	**◎人權文化園區** 活動：認識歷史	
◎過山古道 活動：健行		
◎大白沙 活動：浮潛		

擬妥〈景點渴望度等級表〉後，親子之間再就彼此的需求與考量提出看法並加以修正，由大人制定完整的行程表。擬個幾次，等孩子有經驗之後，可試著交由他們全權負責行程規劃。

在上網查資料、找尋想去景點的過程中，整個行程的藍圖也慢慢在小朋友腦海中建構起來；旅途中又親身經歷、體會這些景點的風貌，感受更加清晰、具體；直到最後要執筆寫遊記時，自然而然會浮現明確的架構。

二、動筆前：運用圖表將記憶組織化

別以為剛結束行程，小朋友的記憶猶新，遊記應該很好寫。事實上呢？記憶新是一回事，但新的記憶一下子無法組織起來，腦袋裡可能還是一團漿糊——玩了什麼？吃了什麼？住在哪裡？好像什麼都有一點印象，卻無法串連起來——怎麼辦呢？

這個時候，我們可以利用〈心智圖〉或〈導覽圖〉來輔助記憶。

（一）心智圖

小朋友在繪製〈心智圖〉的過程中，大腦便會將紊亂的想法與記憶重新組織，整理出一個清晰的脈胳，如圖13。

繪製〈心智圖〉時，可對照〈景點渴望度等級表〉，依「地點」分類。不必強求孩子一定得把所有造訪過的景點全寫上去，只要列出印象深刻的點就可以了。例：

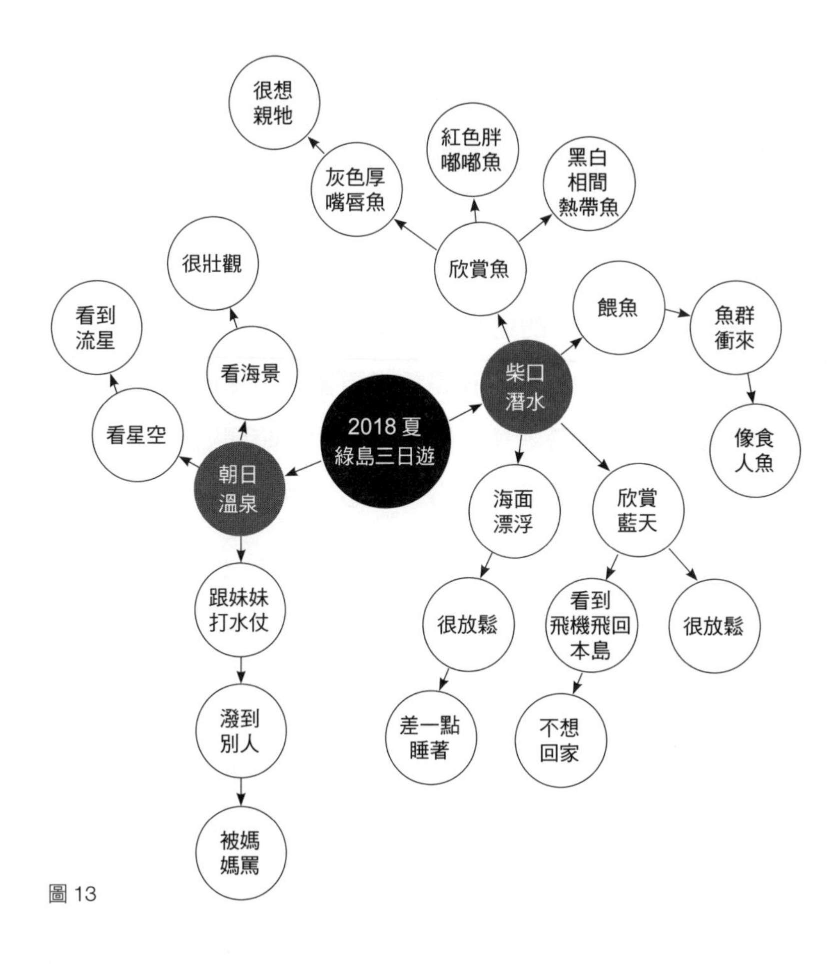

圖13

如圖，按照地點將〈心智圖〉區分為「柴口潛水」與「朝日溫泉」兩大部分。再引導孩子想一想在這裡做了什麼？心情如何？不知不覺就能完成一張豐富的旅遊心智圖。

遇到感受力較差，想不起旅程中有什麼特別回憶的孩子，也可以採用「時間」來分類。將心智圖以Day1、Day2、Day3……來劃分，父母和孩子一起努力回想，每一天做了什麼？吃了什麼？住在哪裡？有什麼感覺？一個一個列上去。繪製完畢後，整趟旅程又在孩子的腦海中跑了一遍，此時再請他們從中挑選「最好玩的一天」進行描寫，這樣就會更有頭緒了。

繪製〈心智圖〉的過程，其實就是構思的過程，也是打草稿的一種形式。這個過程是相當重要的，總比倉促下筆卻毫無頭緒來得有意義。所以即便花了太多時間繪圖而沒時間寫作也沒關係。多演練個幾遍，熟悉以後，構思的過程就會縮短許多。

（二）導覽圖

〈心智圖〉雖然好用，可以迅速將記憶組織化，但如果沒有經過一段時間的演練，直到坐在書桌前要寫遊記，才想到要畫〈心智圖〉，可能一時之間也難以掌握訣竅，畫不出個所以然來。假如明天就要交遊記的話，那就完蛋了！

遇到這種狀況，別擔心，還有一個更簡單的圖可以運用，那就是──〈導覽圖〉。

不管是遊樂園、老街、渡假村、風景區還是離島，無論你們一家去哪裡遊玩，入園前一定會拿到一張〈導覽圖〉，裡面有園區地圖、景點、位置、交通方式……等資訊。〈導覽圖〉其實在網路上也找得到，行前在繪製〈景點渴望度等級表〉時，便可以根據〈導覽圖〉進行路線規劃，旅遊時會節省許多時間與心力。

行程當中，必須提醒孩子，拿醒目的色筆，把走過的路線、到訪的景點畫起來；有什麼特別的經驗、感受就在空白處簡單記錄，如圖14所示：

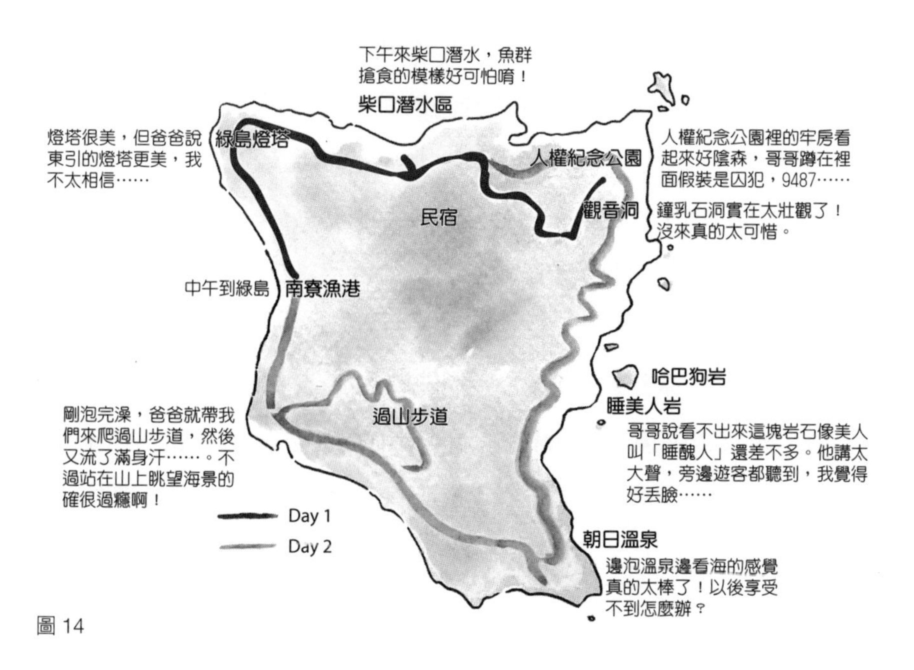

圖 14

邊遊玩邊記錄，大家可能會嫌麻煩，但現在麻煩一點，之後寫起遊記會輕鬆非常多！真的玩到忘了記錄，也一定要在下筆前補上去。

正式動筆時，連草稿都不用打，只要把〈導覽圖〉攤在桌上，就是現成的草稿了。自己畫的路線，已經清楚展示走訪的先後順序，旁邊還有註記當下的體驗，旅程的記憶一個一個被喚醒，從中任選幾個印象深刻的來書寫不就好了？

假如不是在一個固定範圍的園區內遊玩，沒有〈導覽圖〉也無妨。隨身攜帶一份地圖，從出發點開始，每到一個景點便請小朋友將路線畫出來。一趟行程下來，玩了哪幾個點？跑了多遠的距離？往南還是往北？一目瞭然。

我剛退伍的時候，跟幾個要好的弟兄一同騎機車環島。每晚睡前，除了寫日記之外，還在我買來的台灣地形全圖上畫下當天走過的路線，以及到訪的景點、吃的美食，或是特別的體驗……等等。數年過去，每當想起這趟旅程，都只剩下片段的記憶。不過，一打開這張地圖就不一樣了，片段的記憶馬上自動歸位，拼湊起來，還不時冒出早就遺忘的往事，回味無窮。

還記得那對連自己去哪一個縣市露營都不知道的姊妹嗎？如果爸媽懂得把行程路線畫在地圖上這一招，倆姊妹不但會知道自己身在何方，寫起遊記保證會更有感，也更具體。

跟〈心智圖〉比起來，**運用〈導覽圖〉寫作除了能夠輔助記憶，還能夠強化小朋友的地理概念，提高空間感知，可有效累積規劃行程的經驗。邊看圖邊寫遊記，他會清楚掌握方向與相對位置，使敘述具體化。**打個比方，一個沒參考〈導覽圖〉，僅憑印象就下筆寫遊記的孩子，可能會這麼寫：

A. 在綠島的第二天下午，我們原本計畫要去海灘看日落。沒想到，我們野餐結束後，已經六點多了，距離日落只剩半個多小時，我們趕緊騎車趕去。騎到一座橋，剛好爸爸的車沒油了，我們又折返回去加油。最後，趕到沙灘的時候，太陽已經下山了，我們只好失望地回民宿去了。

在這段描述中，沒有出現確切的景點名稱，也沒有透露相對位置及方位，讀者根本無法得知他們趕路的經過——別說是沒去過綠島的讀者，恐怕就連綠島居民也猜不出他們一家人去了哪裡？走了哪一條路線？——很難感受到他們趕路時的緊張心情。

如果一邊寫，一邊對照〈導覽圖〉，寫出來的內容就不一樣了，他會這樣寫：

B. 在綠島的第二天下午，我們原本計畫要去〔大白沙海灘〕看日落。沒想到，我們在〔人權公園〕旁的草地野餐結束後，已經六點多了，距離日落只剩半個多小時，我們趕緊騎車趕去。騎到〔馬蹄橋〕，剛好爸爸的車沒油了，我們又折返回去〔港口附近的加油站〕加油。最後，趕到沙灘的時候，太陽已經下山了，我們只好失望地回民宿去了。

〔事後，我研究了一下我們的路線圖，才發現原來是行程安排得太失敗了！人權公園在綠島的北邊，大白沙在南邊，雖然綠島不大，但如果趕時間的話，從北跑到南也很花時間。下次安排景點時，必須注意景點之間的往返距離和時間，才不會敗興而歸啊。〕

增加了確切的景點名稱後，去過綠島的讀者自然可以想見他們趕路的經過；沒去過綠島的讀者，也可以經由敘述中提到的相對位置（人權公園在北，大白沙在南），一眼看出行程安排的失誤。

最重要的是，**有〈導覽圖〉作為參照，孩子還能就行程規劃與路線安排發生的問題來檢討一番，持續增進地理概念**，下次設計行程時，當然就會記取教訓囉。

三、動筆時：看照片回憶情境

在孩子的〈心智圖〉或〈導覽圖〉上，應該可以看到錯綜複雜的連結，以及造訪過的每一個景點。但在寫遊記時，不用每一條線、每一個點都寫進去，否則容易變成流水帳，只要將自己印象深刻的那幾段遊歷寫出來就好了。

到這個階段，小朋友已經產生了行程的大致輪廓，不過要如何進一步輔導他們將某一段遊歷寫得生動有趣呢？

我們可以借用一樣東西，那就是——照片。

大人在社群網站上打卡都知道要配上一張美美的照片，小朋友寫遊記怎能不用照片呢？

現在照相技術發達，拿起手機便能拍照，一趟行程下來，照片肯定不少。寫作前，爸媽不妨花一點時間，和小朋友一起整理這些照片，並且讓他們從中挑出自己喜歡的三到五張。下筆時，照片就擺在一旁，用看圖說話的方式敘述照片的內容。

隨著照片的牽引，遊玩時的情境、心情會一一浮現，再用文字捕捉下來，一篇圖文並茂的遊記不就完成了嗎？

如果小朋友面對照片依然不知道如何下筆，那麼先引導他們用「六何法」整理事件，填完六何表以後再依序寫出來，就沒這麼難了。

至於寫作架構，建議爸媽暫時跳脫傳統的起、承、轉、合的形式，嘗試運用「片段式寫作」帶孩子書寫遊記[7]。

片段式寫作，顧名思義，即是將一個事件獨立出來，集中心力將它描述完整。當孩子在進行片段式寫作時，由於不用擔心下一段要寫什麼，也不用煩惱段落與段落之間的銜接，反而更能夠將這一個事件描述得詳盡豐富，是一種非常適合寫作初學者的練習法。

孩子剛剛挑選的照片，代表他們在這一趟旅程中，印象特別深刻的事件。我們就以分節敘述的方式——用一小節的篇幅描述一到兩張照片——來寫遊記，例：

綠島之旅

今年夏天，媽媽安排了一趟綠島之旅，實在太刺激、太好玩了。直到旅程結束，要回本島時，我還捨不得離開呢！這趟旅程有兩件最讓我難忘的事情，分別是：

一、流星初體驗

我只有在電視上看過流星，從來沒有親眼看過。爸爸說，城市的光害太嚴重，就算有流星，肉眼也看不到。在綠島，光害很少，入夜之後路燈也不多，是看流星的好地點。到綠島的第一天晚上，爸爸就帶我們騎車夜遊到海邊欣賞星空。果然，我們才剛剛坐在沙灘上，就看到一顆流星拖著銀白色的尾巴，

劃過天際——我看得目瞪口呆，我終於看到朝思暮想的流星了！那天晚上，我們一共看了十幾顆流星，才心滿意足地回民宿去。

二、被熱帶魚圍攻

我們到達綠島的第一天就去浮潛。穿好浮潛衣及救生衣以後，就在教練的帶領下來到海邊，一個接著一個走進海裡。下水前，教練給我們每個人一、兩片吐司準備待會餵魚。我們下水沒多

久，就看到有幾隻五顏六色的熱帶魚在我們旁邊游來游去，我們把吐司放在掌心吸引牠們過來。過沒多久，越來越多的魚朝我們游過來搶食吐司，一轉眼，吐司就被搶光

了。我跟哥哥說：「好險牠們不是食人魚，不然我們就變白骨了。」哥哥對我翻了翻白眼，說：「你白痴哦。」我使出水龍彈之術回敬他，然後我們就開始打起水戰，直到爸爸瞪了我們一眼才停戰。這次邊浮潛邊餵魚的經驗實在太特別了，我到現在都還念念不忘呢！

將遊記分節寫，主題更明確，焦點更清晰，寫起來也沒有壓力。對於寫遊記沒把握的小朋友，家長不妨使用片段式寫作來引導他們。

寫完後，爸媽還可將照片洗出，連同孩子所寫的遊記一起裱框或收入家庭相簿中珍藏。這麼做的目的是在為孩子創造寫遊記的「意義」——他將體會到，寫這一篇遊記，不只是為了應付學校無聊的作業或是爸媽無理的要求，而是在為家庭旅遊留下珍貴文字記錄，作為留念——有了「意義」，往後寫遊記時會更有動力！

作文老實說：「下筆前想了什麼、怎麼想，比下筆後寫了什麼更重要！」

談到寫作文，一般人可能會聯想以下這個畫面—

一群學生坐在座位上，各自埋頭與稿紙奮戰，填入一個又一個的字。寫作的同時，還不時焦慮地看著手錶，留意還有多久打鐘收卷。

這是傳統讀寫教育常看到的寫作場景。這樣的寫作形式雖然還是有它存在的必要，不過最大的缺點是學生下筆前並沒有太多思考的時間，更沒有跟其他人討論，獲取多元意見的機會。

本章花很多篇幅說明下筆寫遊記前的前置作業，正是在強調「構思」的重要性。**構思時，孩子如果善於運用工具來組織資料，並建立連結與脈胳，成為系統性的整體，那已經不只是在培養寫作力了；與此同時，也是在鍛造思考力。**

所以，小朋友在構思階段花了太多時間，其實也沒關係，思考工具用得久了，自然會越來越熟練。看孩子文章，也別只看表面，他的構思歷程也是非常關鍵的階段，不可忽略。

7. 可參考陳銘磻，《片段作文：用對方法，作文從此海闊天空》（聯合文學，2015）。

第四篇

思考力

孩子用「一哭二鬧三打滾」的耍賴絕招逼你妥協?!與其說氣話，不如鼓勵他寫企劃

行經百貨公司玩具部，常會見到親子間展開激烈的「玩具保衛戰」。

孩子緊緊抱著玩具不放，吵著要買；家長好說歹說，試圖拿走他懷中的玩具，放回架上。孩子見爸媽「不聽話」，隨即使出「一哭二鬧三打滾」的大絕招，企圖逼爸媽就範。眼見來往的路人都緊盯著這裡瞧，小孩卻依然哭鬧不休，爸媽的火氣上來了，逐漸來到臨界點。終於——

「啪」的一聲，一記耳光往小孩臉上抽下去。

小孩楞了楞，隨即摀住臉頰，失聲痛哭起來，玩具也不要了，掉落在地上。爸媽見狀，立刻抓起他的手，連拖帶拉，把還沒反應過來的孩子帶離現場。

表面上，問題看似解決了，但真正的問題才開始萌芽。

你一定有不買玩具的正當理由，但在孩子鬧脾氣的當下，是不可能理解任何理由的。此時，採用語言或肢體暴力粗暴地終結孩子無理取鬧的行為，他所能理解的只有一件事——原來可以用暴力來處理不順我意的人。

小朋友現在年紀還小，動用言語與肢體暴力還能發揮一些嚇阻作用，但當他們進入罵也罵不怕、打也打不痛的青少年時期，打罵的效果還剩下多少？大家心知肚明。別說打罵再也起不了作用，親子關係的裂痕至此再也難以修補；他們複製父母的暴力行為，將來施用在誰的身上，更是難以預測。

所以，**孩子如果出現為了滿足目的的哭鬧行為時，千萬別急著發火，反而要感到開心，因為這是打造和諧親子關係、培養小孩健全人格的絕佳契機。**

爸媽自己先深吸一口氣，然後把孩子抱到安靜的地方。接著要做什麼？什麼也不用做，就任由他哭，只要靜靜在旁陪他就夠了。這個時候，他們會慢慢意識到：「原來哭鬧這招對爸媽沒用了，下次換別招試試……」

直到他哭累了，冷靜下來了，斷線的理智又重新連線，便可以引導他們進入「說理」模式。

說理？誰來說理？別搞錯了，不是爸媽說理，而是先讓孩子來說說非買這個玩具不可的理由。

以下提供幾個方法，孩子可以透過這些方法進行思考，創造親子對話的平台，用溝通取代打罵。

一、比一比，高下立判

爸媽堅持不買某個玩具的理由，極有可能是類似的玩具，孩子已經有很多了。「有了，又何必再買？」這是爸媽的想法，但小朋友的想法呢？

在理智斷線的階段，他們只有「想要」，沒有「想法」。不過冷靜下來以後，可以透過「比較」的方式，拿舊玩具來跟新玩具對照，讓他們產生想法，並鼓勵他們說出想法。

問：你已經有一個指尖陀螺了，為什麼還要一個呢？

答：這個不一樣啦！

問：哪裡不一樣？你說給爸爸聽聽看，外表有什麼不同？

答：舊的綠色那個很醜，這個是飛鏢造型，黑色，很酷。

問：轉動時間有差別嗎？

答：舊的只有兩分多鐘，新的可以轉四分鐘以上。

問：你仔細看看，哪一個比較安全呢？

答：舊的是圓的，新的是尖的，可能會刺傷……

爸媽將對話內容筆記下來，並且幫孩子找到更精準的形容詞描述玩具，以表格形式呈現。報章的娛樂版上，常會看到兩個藝人的比較，記者會列出兩欄表格，就兩人的年紀、學歷、身價、身材……等標準進行評比，然後在較具優勢的那一欄打上一個大大的「勝」字。我們也可以利用這一招，製成表格，如表11：

表11

【新舊比較表】　產品：指尖陀螺

特色＼新舊	舊	新
外型	三環型，綠色，很普通	飛鏢型，忍者的手裡劍造型，霧面黑色，非常酷炫勝
轉動時間	2分35秒	4分以上（包裝上寫的）勝
特殊功能	無	夜光勝
價格	250勝	650
安全性	安全勝	有可能割傷

將新舊玩具並列評比後，孩子便能清楚說出喜歡的理由，而不是「就是想要嘛」、「就覺得它很好嘛」……之類自己也說不出所以然的爛理由。有的小朋友可能舉不出評比標準，家長可以協助他們點出來，再由他們自己觀察，找到答案。年紀較大的孩子，就讓他們自行製表。

這個訓練的主要目的，在於刺激孩子從不同的視角觀察事物。否則，他們永遠只會從外表來判斷價值，向別人說明時，自然無法說出令人信服的論點，寫出來的文章當然也缺乏深度。

此外，時時督促他們用「比較」來清楚描繪事物，一較長短優劣，以此鍛鍊說服力。來看以下的例子：

A. 新的指尖陀螺很好玩

B. 新的指尖陀螺比舊的還好玩，因為它可以轉動四分鐘以上，舊的只有兩分半。

例句A缺少比較，因此到底哪裡好玩？聽的人一定會覺得莫名其妙。例句B增加了比較，讓聽者有一個參照的對象，容易理解。而且敘述者為了證明新的陀螺的確比舊的好玩，必定會進一步描述好玩在哪裡，增加可信度。再看下面兩個句子：

C. 新的陀螺只要六百五，很便宜！

D. 舊的陀螺兩百五，但是新的陀螺不但可以轉更久，而且造型特別，還有夜光效果，所以當然比較貴！

例句C中，缺少參照對象，只給一個價格，根本無從判斷是貴還是便宜，對於沒有金錢概念的小朋友來說，當然便宜。說真的，比起專業玩家玩的指尖陀螺，六百五算是相當廉價，但拿來跟舊的陀螺比，就明顯貴上許多。所以，為了證明這個價格合理，敘述者就必須進一步說明它貴在哪裡。

看似簡單的練習，但在無形中，小朋友得絞盡腦汁，從新、舊玩具裡發現異同，判斷價值。陳述時，也不會僅使用「好玩」、「有趣」……之類籠統的詞彙，而會試著運用更多貼切的詞彙來具體描摹。

當他習慣運用「比較」進行陳述，未來寫作時，自然能輕易掌握從對比中凸顯主題的技巧了。

二、寫份〈企劃書〉，打造雙向溝通的橋梁

新、舊玩具對比時，喜新厭舊是正常的，難保不夠客觀。而且，這是站在個人立場進行評比，沒有考慮到父母的立場。

接下來，我們便進入簡易〈企劃書〉（表12）的寫作，帶領小朋友從不同的角度表達訴求。

「動機」就是「為什麼提出這個訴求」，可以參考之前做的新、舊玩具對照表，請小朋友說明想要的理由。「好處」則是請小朋友想想「買這個東西有什麼優點」。

問題來了：孩子很難理解「動機」與「優點」有什麼區別。其實很簡單，我們用以下的方式加以區別。

表 12

企劃名稱：購買飛鏢型指尖陀螺	
提案人	周大寶
提案對象	爸爸
動機	新款的指尖陀螺設計成忍者的手裡劍造型，非常酷炫，比舊的好看太多了。而且它的轉動時間可以達四分鐘以上，還有夜光功能，轉動起來非常漂亮。
好處	1. 多玩陀螺就可以少打電動。
	2. 眼睛盯著陀螺看可以做眼球運動。
可能遇到的問題	1. 陀螺尖端太尖銳，玩的時候可能會割傷。
	2. 價格比較昂貴。
解決方法	1.（1）不玩高難度的技巧。 （2）玩完後收進盒子內，放在弟弟拿不到的地方。
	2. 用自己的錢買，從明年的壓歲錢扣。
提案是否通過？（家長填寫）	是□　否■ 理由： 新聞曾經報導，這種飛鏢型的指尖陀螺非常危險，不但有可能劃傷手，當它和別的陀螺碰撞時會碎裂，飛出去的碎片可能會劃傷眼睛，防不勝防。而且弟弟年紀雖然小，但已經不只一次把你藏起來的玩具翻出來，所以無法保證陀螺不被他發現。 爸爸覺得，指尖陀螺是很有意義的玩具，不過還是要小心挑選，才能玩得安心。

■ **動機：舉出「自己」想要這個東西的原因**

例：空拍機比遙控飛機多了拍攝功能，很有趣！

■ **優點：舉出「提案對象」也認同，覺得有益的理由**

例：買了空拍機，全家出遊的時候，可以從更多角度拍攝，留下珍貴回憶。

列舉「優點」時，必須站在提案對象的角度，讓他覺得這項企劃通過後，除了單純的好玩以外，有更積極正面的好處，才能提高說服力——這是「**換位思考**」的第一步。範例中，周大寶知道爸爸擔心他太常打電動，恐造成視力受損，因此特別指出購買新陀螺後可解決這兩個問題，說不定會提高爸爸的購買意願。

進入「可能遇到的問題」的欄位時，小朋友得更進一步站在提案對象的角度想想「他們不接受這個企劃的原因是什麼？」在這個階段，如果孩子還是不知道你們拒絕的理由，代表親子間的溝通並不夠充分，不妨說說自己的主張，填進表格中。

接著，小朋友必須針對這些問題，想出「解決方法」。不但要站在別人的立場，還要找到具體的措施尋求親子間都能接受的平衡點。

孩子不只能為想要的物品撰寫〈企劃書〉，如果有任何想要或不想要的待遇、要求，像是「不想在週六下午補英文企劃」、「想要自己上學企劃」……等等，也可以鼓勵他們用企劃來表達意見。

在民主國家，人人都有表達自己訴求的權利，不過在表達的同時，也應該尊重其他人的立場。企劃書的練習，正好可以培養小朋友的民主素養，學習傾聽別人的意見，為他人設想，增進同理心。

小朋友在寫文章的時候，容易局限於個人視角，而忽略了他人的觀點與感受，導致視野狹隘，難以寫出真正打動人心的文章。**熟悉〈企劃書〉的寫作後，切換視角陳述論點變成家常便飯，寫起文章一定會懂得採納多元角度而更有深度，容易令讀者產生共鳴。**

三、有想法的爸媽，教出有想法的孩子

「提案是否通過？」這一欄，是由提案對象來勾選。

看完孩子的企劃書後，如果你覺得仍有不周全的地方，儘管提出來討論。如果問題無法解決，提案不通過，也務必把自己的看法，清楚、確實地傳達給孩子，讓他明白你的顧慮。範例中的爸爸，以新聞報導為例，指出指尖陀螺碎裂後

飛出去的碎片可能刺傷眼睛。可見，他也是有在做功課，不是隨便敷衍了事。

因此，即便提案被駁回，小朋友也能理解你不是為反對而反對，在他們心目中，你依然是明理、能溝通的父母。

既然他們都已經誠心誠意寫出一份企劃書，如果真的把理由寫得充分、頭頭是道，那你也偶爾大發慈悲，滿足他們的需求吧。當他們產生**「只要理性跟爸媽溝通，並且為他人著想，願望就有可能達成」**的觀念，那麼父母的教養，幾乎成功了一半。

孩子不用哭鬧，父母不用打罵，交給〈企劃書〉，一切搞定！

作文老實說：「父母的積極回應，更勝閱卷老師的批改。」

一個又一個的紅色的圈圈、波浪線、刪除線布滿稿紙，後面還有數行老師所寫的，多半是負面的評語。——這個畫面你應該不陌生，這是傳統批改作文的方式。

然而，閱卷老師終究沒有實際參與學生的生活，只能就文字運用的技巧加以評斷，算出分數，無法給予實際的回饋。因此，寫作文對孩子而言，只剩下功利性的目的，並不指望透過寫作得到什麼；少了誘因，當然不能產生寫作動機，但為了應付作業與考試，只好勉強寫寫。

況且，老師批改完，分數、評語出爐以後，就此定案，下次又是另一個題目；學生僅有一次寫文章的機會，寫完後根本無從修改，就算老師的評語寫得再怎麼認真、詳盡，一來學生可能根本不會看，二來即便看了卻沒有動手修改，也不會有任何進步。因此，我在評閱學生的作文時，比較傾向於在他們寫作的同時逐段批改，把評語化為口語，為他們說明文章的優缺點，請他們即時修正。

不過，我的方法還不是最好的。**如果父母積極回應孩子的書寫，對他們來說，才是最有價值的回饋！**

以本章談的〈企劃書〉來說，小朋友是出於某些誘因而寫，試圖和父母溝通，自然不乏寫作動力。再來，爸媽實際參與子女的生活，了解他們最真實而切身的狀況，能夠給予實質且有幫助的回應，孩子才會認知到書寫的功能。此外，孩子也會想知道爸媽的意願，或是不准許的理由，當然會關注家長在「提案是否通過？」欄寫了些什麼，不像閱卷老師寫的評語，愛看不看都無所謂。企劃如果沒能通過，小朋友也可以根據父母的理由，持續修改、再次提案，增加通過的可能性。

在這一來一往的互動當中，思考與寫作的能力會在不知不覺間成長，絕對比閱卷老師所寫的密密麻麻的評語還有用。

先別管「閱讀」了，你確定孩子知道什麼是「心得」嗎？

「小朋友不會寫閱讀心得怎麼辦？」

課後跟學生家長聊起孩子的學習狀況，他們最常問的問題就是這個。

的確，閱讀心得是很多孩子與爸媽的夢魘，別說不愛閱讀的小朋友不會寫，許多愛閱讀的小朋友寫起閱讀心得，也是一個頭兩個大。每當老師出這項作業，全家一定雞飛狗跳，不得安寧。

過去，我們的讀寫教育有一個很大的迷思——學生只要喜愛閱讀、閱讀量足夠，自然而然會寫文章。於是，大家極力推廣閱讀，蔚為風氣，卻忽略了思考訓練與寫作教學的重要性。到頭來，學生有「閱讀」但沒「心得」，不知道要表達什麼，也不知道該怎麼表達。

學校出的閱讀心得作業，有時會附上學習單，上面設計了一些問題讓孩子作答。不過如果問題太過制式，無法激發學生的思考與想像，反而限制了他們的觀察視野；又或者，他們對某一段情節很有感觸，有自己獨到的見解，可惜題目沒有問到，孩子沒機會發揮，那不就白白蹧蹋了這些與眾不同的體悟？況且，當他們習慣按照學習單出的題目作答，有一天突然拿掉學習單，他們還會寫閱讀心得嗎？

網路上可查到許多老師或專家分享的閱讀心得寫作訣竅，也有指導家長帶小朋友寫閱讀心得的方法，都很有參考價值。但今天，假如你突然把一本書，丟到一個平時缺乏思考訓練、沒有閱讀習慣、語文程度也不太好的孩子面前，請他讀完後寫心得；即便你教導有方，恐怕他還是很難進入狀況，為什麼呢？

一整本書的分量對他們來說，是很大的負擔，要讀完它已經是很難跨越的障礙了，掌握重點寫大意就快讓他崩潰了，何況是心得呢？再說，孩子說不定連發生在自己身上的事情，都沒有什麼心得了，怎麼可能讀了別人的著作之後，就憑空產生心得了呢？

還不會走路的嬰幼兒，立刻指望他跑步，大家都知道不可能；同樣的，孩子連心得是什麼都不知道，卻寄望他寫出閱讀心得，也是強人所難。

讓我們暫且把「閱讀」放一邊，只談「心得」，從小朋友的生活著眼，尋找題材，誘導他們發掘其中的涵意。**直到他們學會從身邊的大小事中，觸發感覺與見解，產生心得；之後，讀起書來，當然不怕沒心得。**這時，再順水推舟，指點個幾招寫作訣竅，便水到渠成了。

這個單元，我們先不談閱讀心得的寫作技巧，回歸到小朋友的生活當中，從基本功開始練起。

一、抓住大意，鎖定主題

不知道你是否遇過類似的情形：小朋友正興高采烈地分享他的遭遇，但講得太忘我了，漏掉許多重要資訊或添加了許多不必要的資訊，讓你聽得霧煞煞。

之所以會出現這個毛病，是因為孩子還不懂得如何掌握「大意」，所以談話中無法隨時緊扣大意，像一盤散沙一樣沒有重點。如果連講話都抓不到大意的話，寫起閱讀心得裡的內容大意，也絕對不知所云；不是寫得太過簡略，就是寫得落落長，幾乎要把整個故事給抄上去了。

大意可說是閱讀心得寫作的基礎。基礎打得不好，或是根本打歪了，後續所寫的見解、啟發可能都會因此離題，整篇心得就毀了。

小朋友寫不好大意，最根本的問題是——連「大意」是什麼都不知道。無論你如何解釋「大意」兩個字的意義，都是字面上的意思，對他來說依舊相當抽象。

多說無益，不如直接帶他們從閱讀大意中，揣摩大意是什麼東西。

去哪裡找大意給孩子讀呢？很簡單，隨便攤開報紙，或點進新聞網站，放眼望去，全部都是大意——

注意看每一則新聞的第一段（即導言），一定是簡要交待事件的始末，使讀者迅速了解事情的概要，再接下來的幾段，才詳細敘述過程，這正是大意。就算對這則新聞沒太大興趣的讀者，也可以約略知道發生了什麼事。以下面這則新聞為例：

扮蜘蛛人救4歲童　馬利移民獲法國公民權

一名馬利移民兩天前在巴黎，徒手爬上4樓公寓陽台拯救一名吊在半空的4歲孩童。法國總統馬克宏今天頒發英勇勳章給他，並賦予他法國公民權。

22歲馬利男子賈薩瑪（Mamoudou Gassama）2天前上演像蜘蛛人爬牆的英勇拯救行為，影片在網路上有數百萬人次點閱，馬克宏（Emmanuel Macron）今天在法國總統府接見他。

馬克宏對已成為法國英雄的賈薩瑪說：「（賈薩瑪的）所

有文件都將處置妥當。」指的是賈薩瑪的移民地位，他於2017年9月抵達法國。

馬克宏的臉書直播兩人會面，他頒贈賈薩瑪一枚英勇勳章，還提議賈薩瑪加入法國消防隊。

身穿牛仔褲及短袖襯衫的賈薩瑪，將事件過程講給馬克宏聽。他說：「我沒在想任何事，直接往上攀爬。」馬克宏回答稱：「很棒。」

賈薩瑪接受勳章後說：「很高興，這是我第一次獲得像這樣的獎章。」

賈薩瑪26日晚在多族群混居的巴黎18區，見到一個孩童吊在公寓陽台半空中，他立即行動。影像顯示，賈薩瑪徒手攀上一層層陽台時，4樓有一男子自隔壁戶陽台傾身，試圖拉住那個孩童。

攀上4樓後，賈薩瑪單腳跨過陽台，並伸出右手把小孩抓起來。消防員抵達現場時，發現小孩已經獲救。消防單位發言人說：「很幸運，有人體能夠壯也夠勇敢，上去救那個小孩。」

——引自中央通訊社，〈扮蜘蛛人救4歲童　馬利移民獲法國公民權〉（最新更新：2018/05/28），https://is.gd/WK45r7，2019年3月2日瀏覽第一段的大意僅僅六十多個字，字數不用多，就可以描繪出事情的輪廓。

陪小朋友讀新聞時，可以採用「六何法」[8]來分析第一段，讓小朋友在實際操作中體會大意所應具備的要素。見圖15：

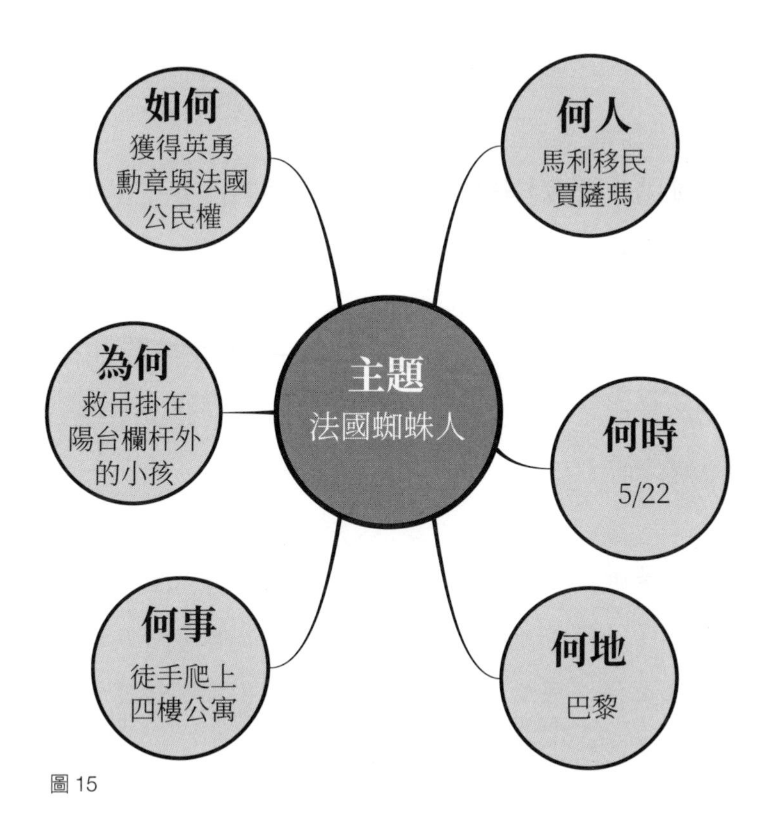

圖 15

大意基本上都是以「六何」(何人、何時、何地、何事、為何、如何)建構而成，新聞讀得多，掌握六何的技巧自然會越熟練，也更加理解大意的意義與功能。練習時，也可以搭配一些變化，比方說：先看第一段，然後讓孩子發揮想像力，猜猜看詳細經過；或是把第一段蓋住，先看後面幾段，再請孩子用自己的方式敘述大意。

學會掌握大意的技巧後，輸入進腦袋裡的便不再是蕪雜的記憶，而是經過歸納整理的資訊，容易儲存並提取應用。

二、運用「畫對重點溝通法」，強化孩子的總結能力

批改學生作文時，每當我心裡傳出「然後咧？」「所以呢？」的聲音，就知道這個孩子鐵定又犯了「不了了之」敘述病。比方說：

A. 這學期，同學選我當班長。這是我第一次當班長，不但早自習要維持秩序，連午休時也要留意有沒有人在交談；同學的作業要幫忙收，有人遲交還會害我被老師碎唸。

看完後，我們雖然可以輕易理解他的意思，不過總覺得少了什麼？是的，那就是——沒有總結。

B. 這學期，同學選我當班長，這是我第一次當班長。不但早自習要維持秩序，連午休時也要留意有沒有人在交談；同學的作業要幫忙收，有人遲交還會害我被老師碎唸。〔我心裡真的很不平衡，但既然是第一次當班長，難免會不適應。我應該多請教大人，請他們傳授領導的技巧。〕

B句加上作者針對事件得出的結論與改善方法後，便完整多了，讀者會更清楚知道作者「到底想怎樣」。

因此，**有價值的敘述，應該是「陳述事實」之後，再「總結想法」。**

很多孩子的敘述能力不錯，但不知道如何總結，就會給人有頭無尾的感覺。如果連一個簡單的事件，小朋友都不能歸納出清楚明瞭的訊息傳達給讀者，你怎麼能指望他讀完一本書後，寫出什麼有意義的心得來？這也是為什麼他們會把心得當大意來寫的原因。

如何改善這個毛病？很容易，從平時的親子對話中就可以鍛鍊起。

以A句為例，爸媽聽到孩子講述當班長的事情時，如果隨便回了句：「那就不要當班長呀！」那就畫

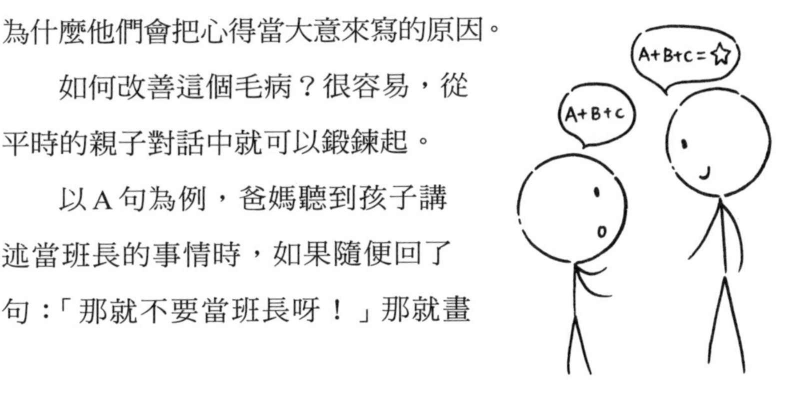

錯重點囉。他們想表達的絕對不是不想當班長，而是想找人傾訴或請教你的意見。你可以這麼說：

總而言之，你是第一次當班長，不習慣是正常的。再說，同學選你當班長，不就代表他們認同你的能力嗎？我們來想想怎麼解決……

從孩子的敘述中，抓到核心問題（第一次當班長），將它提取出來重申一遍，然後給予安慰或提出解決方法，這就是「畫對重點溝通法」。再看下面兩個例子：

小寶：「爸爸，我每次練習投籃時都幾乎百發百中，但是比賽的時候，卻常常投不進。」
爸爸：「對，臨場反應往往是決勝負的關鍵。總之，你還得再多累積實戰經驗。」

小芬：「媽媽，今天的園遊會好好玩。我們班賣珍珠奶茶和檸檬紅茶；三班賣炸雞、薯條；五班準備九宮格投球遊戲；六班更誇張，把夾娃娃機都搬來了。」
媽媽：「哇！你們的花樣好多，讓遊客有很多選擇，大家一定愛死了吧！」

小寶爸爸與小芬媽媽不但專心聆聽孩子的分享，而且還精準掌握他們敘述中的核心，並給予中肯的回覆。當他們發現父母有抓到自己談話的重點，且積極回應，自然會更樂意和爸媽分享。

親子之間的交流如果有把握這個訣竅，**一來可以維繫良好的互動關係，二來小朋友也會從父母親的言教中，揣摩出溝通的藝術，有助於人際能力的養成**。除此之外，他們在言談與寫作時，便不會陳述事實後就不了了之，而是會進一步思考如何總結，讓平鋪直敘的描述產生意義。

假如你和子女的言談之間，已經徹底落實畫對重點溝通法之後，孩子應該多少摸索出一些總結的技巧。這時，輪到他來畫重點了。除了鼓勵他們在對話時用心聆聽對方的談話內容，歸納出重點並給予積極地回應，也可以帶他們閱讀一些簡短的故事或新聞，試著說出總結。以賈薩瑪的英勇事蹟為例，會抓重點的孩子，可能會這樣總結：

> 在這千鈞一髮之際，目睹這一切的行人想必都嚇傻了，不知該如何是好，只有賈薩瑪一個人當機立斷，衝上去救人，真是帥呆了。而且，他還是「徒手」爬上去呢！身手一定要非常靈活敏捷才辦得到。總而言之，要完成這項艱鉅的救人任務，光是「有勇」還不夠，還得「有

力」，而賈薩瑪正是這樣的人才，不虧是「法國蜘蛛人」！

這個總結，就有畫對重點且適時表達自己的看法了。

不過，這樣的總結，就小學程度來說，雖然不算差，但只是從事件的表面歸納出重點而已，還不夠深入。接下來，我們再試著運用另一種溝通法，進一步激發小朋友的問題意識，深化思考。

三、運用「逆向思考法」，激發問題意識

我帶作文班上的孩子看完賈薩瑪的新聞後，問他們一個問題：

如果賈薩瑪沒有成功救到小孩，那會怎樣？

台下沉默了片刻，然後開始舉手回答：

「有可能他沒救到小孩，自己先摔死。」

「我看過一個新聞，有一個人在海邊看到有人溺水，想也不想就跳下去救人，結果兩個人都溺死了……」

「賈薩瑪很英勇，但如果小朋友模仿他的行為的話，可能會發生危險。」

…………

只丟給他們一個簡單的問題，不需要給任何答案，小朋

友的思考方向便轉了一個彎，開始反思這起救人事件背後潛藏的危機與負面效應，甚至聯想到過去看過的新聞。這樣一來，寫起心得，必定會更有深度。

這個方法，就是本節要介紹的「逆向思考法」。

（一）從生活中，找尋「逆向」機會

文章要寫得豐富、有深度，絕對是從一個好的問題開始；懂得思考，去發掘一個又一個的問題，把它們一個又一個解決，文章便會越寫越深刻。

但對於沒有問題意識的小朋友來說，家長的引導提問就相當重要。孩子看完一本書以後，你如果問他：「有沒有問題？」我保證他會回答你：「沒有問題。」然後呢？你就接不下去了，更遑論指導他寫閱讀心得。

所以，提問是有技巧的。在現實生活中，多用點心思，會發現有數不盡的機會可以磨練小朋友的問題意識。來看看以下這段父子對話：

大寶：「爸爸，今天第二節上課鐘響，我跑回教室時跌倒了，小珍扶我起來。」

聽到孩子分享學校發生的事，懶惰的父母可能敷衍一下：

爸爸：「哦……真的嗎？」

大寶：「真的。」

對話就此結束……，你錯過了一個訓練小朋友思考的好機會，也錯過了一個親子溝通的契機。久而久之，當他們看穿你敷衍的態度後，就不會再跟你分享任何事情了。

接著，試試用「逆向思考法」提問，它的定義是：

- **遇到一個情境，不要總是順著它，被牽著鼻子走，試著想想如果是相反的情況，那會怎麼樣呢？**

根據逆向思考法　大寶爸爸應該這樣回覆：

爸爸：「真的嗎？小珍人真好，如果她沒有扶你起來的話，那會怎麼樣？」

接收到這個問題的孩子，會開始想像沒有小珍幫忙的情境，自行擴充情節。

大寶：「如果她沒有扶我起來的話，我可能要等其他同學來幫忙。」

爸爸：「可是那時候不是已經上課了嗎？如果沒有其他小朋友發現的話，怎麼辦？」

大寶：「我膝蓋流血很痛，只好一個人慢慢走去保健室。」

爸爸：「膝蓋流血是小傷，假如傷得更重，無法動彈，那就糟糕了。」

從「小珍扶我起來」到「小珍沒有扶我起來」，大寶會進一步思索可能的狀況，刺激他創造新的情境。於是，大寶所見到的已經不再是「小珍扶我起來」這個表面的動作，而是意識到「小珍如果沒有扶我起來，那就慘了！」因此，他會深刻體認到小珍即時伸出援手的重要性，感謝她的幫助，甚至萌生幫助他人的念頭——這，就是心得！

即使是一件瑣事，只要善用逆向思考法，心得自然湧現，誰說唯有閱讀才有心得？小朋友不知道從切身的生活大小事中，引發心得感想，家長哪來的自信以為他讀過書後會有什麼心得感想？

（二）看卡通，也可以「逆向」一下

不愛閱讀的孩子很多，但應該沒有孩子不愛看卡通吧？陪小朋友一起看卡通，趁看完後記憶猶新，運用逆向思考法，引導他們說出心得，也是不錯的方法。家長先上網挑一些簡單又富有教育意義的卡通，自己看過想過以後，再請小朋友一起來看。

日本知名卡通《蠟筆小新》有一集〈買遠足吃的零食〉，敘述小新因為借錢給同學正男，卻讓媽媽誤會小新亂花錢而動怒的事。

家長陪孩子看完這部卡通後，可別讓他們笑完就算了，不妨問問看：

如果正男不跟小新借錢的話，那該怎麼辦呢？

或：

如果小新不拿媽媽的錢借正男的話，那該怎麼幫他呢？

分別從兩個人的立場出發，請小朋友站在他們的角度，思考其他可能。這時，腦袋會開始化被動為主動，設想更好的處理辦法。在討論這兩個問題的同時，還能順便為孩子建立正確的金錢觀念。

後來，小新的媽媽發現找的錢短少而質疑小新時，小新不斷轉移話題，最後還頂嘴。媽媽氣不過，賞了小新一個耳光。這時可以問小朋友：

如果小新不用隱瞞的方式，那該怎麼做，才不會讓媽媽生氣呢？

或：

如果媽媽不動手打小新的話，那該怎麼做，才能讓小新說實話呢？

這兩個話題，正好是親子相處常遇到的問題，值得好好談談。

此外，也可以提醒孩子運用「**如果我是〇〇〇（事件中的人物），會怎麼做？**」的問句來反思，把自己投入故事情境中，成為事件裡的人物，想想看如何處理眼前的情況，如：「如果我是小新，平白無故被媽媽打了一個耳光，會怎麼做呢？」

短短七分多鐘的卡通，用心發掘，也可以找到許多值得好好深思的問題。陪孩子一起思考這些問題，或互相交換意見，是親子溝通的一個很棒的管道。

時常進行「逆向思考法」的演練，習慣以後，小朋友將會自行採用這種思考模式，問題意識的養成就大功告成了。

無論是生活上遇到的事，還是卡通的情節，只要用上「逆向思考法」，孩子會看到同一件事情的不同面貌，從不同角度切入思考，看見另一種可能。而這另一種可能，是由孩子親自發掘，他發現了一個比原先更好或更圓融的處理方式，一定會相當自豪。

相較於使用學習單來寫閱讀心得，「逆向思考法」的鍛鍊有什麼好處呢？透過學習單，學生只能「學答」，——學習根據題目來回答問題——假如拿掉學習單，抽掉題目，他們絕對無所適從；**習慣逆向思考的孩子，會自行產生問題，這正是「學問」——學習發問——然後才有可能產生學習動力，去尋找解答**。至於，「學答」與「學問」的學生，誰寫的心得會更有深度？就不用再說明了吧。

四、連結到親身經歷

經由逆向思考法的引導，小朋友已經學會挖掘潛藏在表面事件底下更深刻的意義。如果這時再進一步指引他們聯想到自己的親身經歷，得到印證，更有助於對事件的理解與消化。

以下這一篇文章，是我們班上學生所寫，後來刊登在《全國兒童週刊》。這個孩子由跌倒受人幫助，回想起自己曾經棄傷者於不顧的往事，相當自責。從別人的行為，和過去自己的行為相對照，更加凸顯出即時伸出援手的可貴情操，這便是很有意義的心得。

跌倒的啟示　　詹富涵

有一天下課時，我到操場去玩。忽然，上課鐘響了，我跟著大家匆忙地跑回教室。不過，我卻在樓梯上跌倒了。只有我的好朋友洪宥歆扶我到健康中心，等護士阿姨幫我擦完藥，她才回教室。

當時，我的膝蓋流了很多血，而且我很緊張，因為走廊空蕩蕩的沒有人。我心想：「走廊上的人越來越少，如果沒有人來幫我，老師就會以為我翹課，會不會被罵？」我越想就越害怕。突然，我身旁出現了一個人，正是洪宥歆。看到她出現，我真的很感動。她犧牲自己的上課時間來幫我，沒有把我丟下不管，在我需要的時候挺身而出。

看到她的行為，我想起我在三年級的時候也遇過類似的情形。當時我們班有一位同學在走廊被撞倒，手肘破皮流血，他坐在地上，表情看起來很痛苦。不過，因為快上課了，我就沒有理他，直接跑回教室。

這件事已經過了一年，我到現在還記得。我常常自責地問自己：「為什麼我當時沒有幫他？」經過這次洪宥歆幫助我的事件後，我決定把感動化為行動，遇到有需要幫助的人，不再袖手旁觀，要發揮捨己為人的精神。

——引自詹富涵，〈跌倒的啟示〉，《全國兒童週刊》1508期，第9版對於缺乏生活經驗，或是聯想力較差的孩子，一時之間想不到親身經歷也在所難免。這個時候，爸媽不妨和孩子分享自己的經驗，比方說：曾經跟正男一樣把錢弄丟不敢回家、跟小新一樣仗義幫助朋友，或是跟小新媽媽一樣不問是非便動怒打人……無論是糗事還是好事，只要是相關的事，都可以盡量和孩子分享。不但拉近彼此的距離，也能為小朋友累積寫作材料；寫作時即便沒有個人的經驗可分享，也可以引述從家人那裡聽來的事蹟。

除了家人提供的材料，前面所舉的卡通、新聞……等例，這些孩子平常會接觸到的資訊，也是寫作時可供引用的好材料。不過他們通常看過便忘，當然無法和寫作主題產生連結。然而，經由書寫大意提煉出事件的梗概，並畫對重點歸納出總結，再透過逆向思考法開拓觀察角度以後，這些被反覆操作、激盪的資訊將會長久儲存於大腦裡的資料庫，隨時可以派上用場。

看完以上四節的說明，你應該不會還認為只有「閱讀」才需要寫「心得」吧。生活處處皆題材，都是激發心得的媒介，錯過可惜呀！

孩子只要能夠靈活運用這些技巧，就已經練好閱讀心得寫作的基本功了，至於其他布局、組織或修辭……等能力，都是細微末節的問題；一旦他們能夠輕易抓住大意、掌握主題，而且會思考、有想法，還有經驗可以分享，自然就會產生表達欲望，這些小問題很快便能迎刃而解了哦。

作文老實說：「表達形式千百種，閱讀，不能僅限於文字。」

如果我說：「看卡通也是一種閱讀。」大概很多家長無法苟同吧。說起「閱讀」，大家腦海裡應該會出現捧著書本「讀文字」的畫面。

但說穿了，無論是寫小說、散文、詩……，或者是畫水墨畫、抽象畫、漫畫……，還是作曲、作詞、歌唱……等等，這些都是創作者表達思想與情感的形式。只要用心，我們都可以透過這些形式和創作者對話，甚至發展出自己的詮釋，不一定唯有經由文字才能閱讀。

本章舉《蠟筆小新》為例，說明逆向思考法的應用。相信各位很難想像，這一部以行為下流低俗的小屁孩為主角的卡通，會帶給小朋友什麼積極正面的啟示。不過，只要家長**多做一點功課，從孩子接受度高的形式著手，也能發掘出有意義的內涵，刺激孩子進行思考、產生心得，效果可不輸閱讀文字呢。**

8. 參考第一章第二節，頁038。

參考書目

· 商業週刊，《一張圖表秒思考：換工作、要開店、想存錢、不瞎忙，視覺化思考快速解決工作＆生活大小事》（商業週刊，2017）。

· 山口拓朗著，劉格安譯，《素人也能寫出好文章：從動筆前的「思考準備」，到下筆後的「冷靜修改」，誰都能寫好作文、報告、企畫書的32種練習》（臉譜，2018）。

· 陳銘磻，《片段作文：用對方法，作文從此海闊天空》（聯合文學，2015）。

· 曾多聞，《美國讀寫教育改革教我們的六件事》（字畝文化，2018）。

後記

從唸研究所時期投身寫作教學起，至今已超過十個年頭。回想起來，當初本來想都想沒過會走上這一條路，我的第一堂作文課，是受學姊許秦蓁之託去代課的。在此之前，我除了在林語堂故居擔任導覽員所累積的導覽經驗外，教學經驗幾乎等於零。

原先以為人生的第一堂作文課，也是最後一堂。沒想到，上了一堂課，我發現教學和我熟悉的導覽竟有異曲同工之妙，兩者的訣竅都在於將艱澀的知識及技巧簡化、生活化，讓聽者容易了解吸收。以往每當導覽結束後，看到遊客心滿意足、如獲至寶的表情，我也同時感到無比的充實；我的第一堂作文課下課後，也在孩子的臉上看到同樣的表情——從此，我便深深陷入其中，直到現在了。

這一路上，最感謝的當然是秦蓁學姊。除了她的引薦，讓我得以有機會施展身手之外，她也毫不藏私，將其獨門的教學技巧與教材傾囊相授，為我節省了許多走冤枉路的時間。這本書，從最初的發想到執筆撰寫，過程中她給了我不少中肯的指點，使我獲益良多。還有翰賢文理補習班的馬老師，在我剛出道，還是一個菜鳥老師時，便毫不猶豫給我執教機會，也是我在這條路上的重要貴人。

路上與我常相伴的，還有我的太太余佩芳。她和我一樣，在學姊的「牽線」下，走上寫作教學這條路。雖然我們兩個的教學方法迥異，但卻剛好可以截長補短，提升彼此的實力，就跟楊過和小龍女在互相琢磨修習中，彼此的武功皆大進的道理一樣（羞）。初稿完成後，她還自告奮勇，負責校對，不僅揪出許多錯誤之處，還提供了不少珍貴的建議。

此外，特別需要感謝的是林口克利鷗語文學院的主任連倖誼。她所經營的語文學院，不但提供優質的外語教學課程，也非常重視中文寫作。我建議開設的課程，她都給予大力支持並加以推廣。多虧她的協助，本書中每一章的教材與教學方法，才得以先在課堂上試驗了幾個學期，再根據學生的學習狀況，持續調整至完善。

中央大學網路學習科技研究所的陳德懷教授在百忙之中抽空為拙著寫序，使它增添不少光彩，我也由衷感激。

這本書的完成，僅憑我一己之力，是絕對辦不到的，作者那一欄只掛我一個人的名字還真不好意思呢。

即將畫下句點了，但這個句點只不過是一個段落完成之後的句點，並不是完結的句點。接下來，我會繼續精進，在寫作教學的道路上打拼，展開一個又一個的新段落。

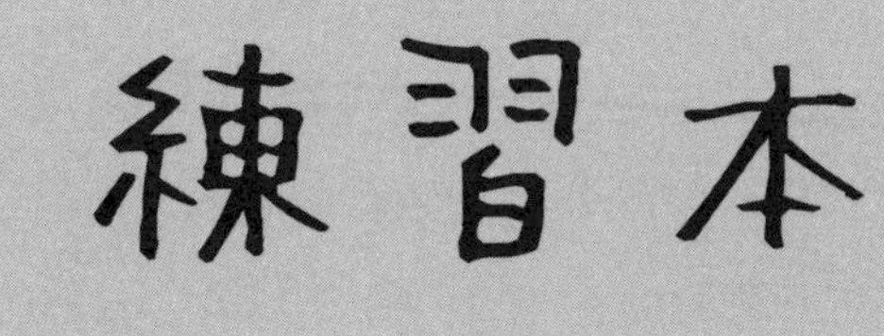
練習本

善用「六何法」，寫週記沒煩惱

◎動手試一試（1）：用六何法敘述事件

引導小朋友仔細觀察圖片，注意其中的細節，然後試著用六何法說明看看，填入表中。

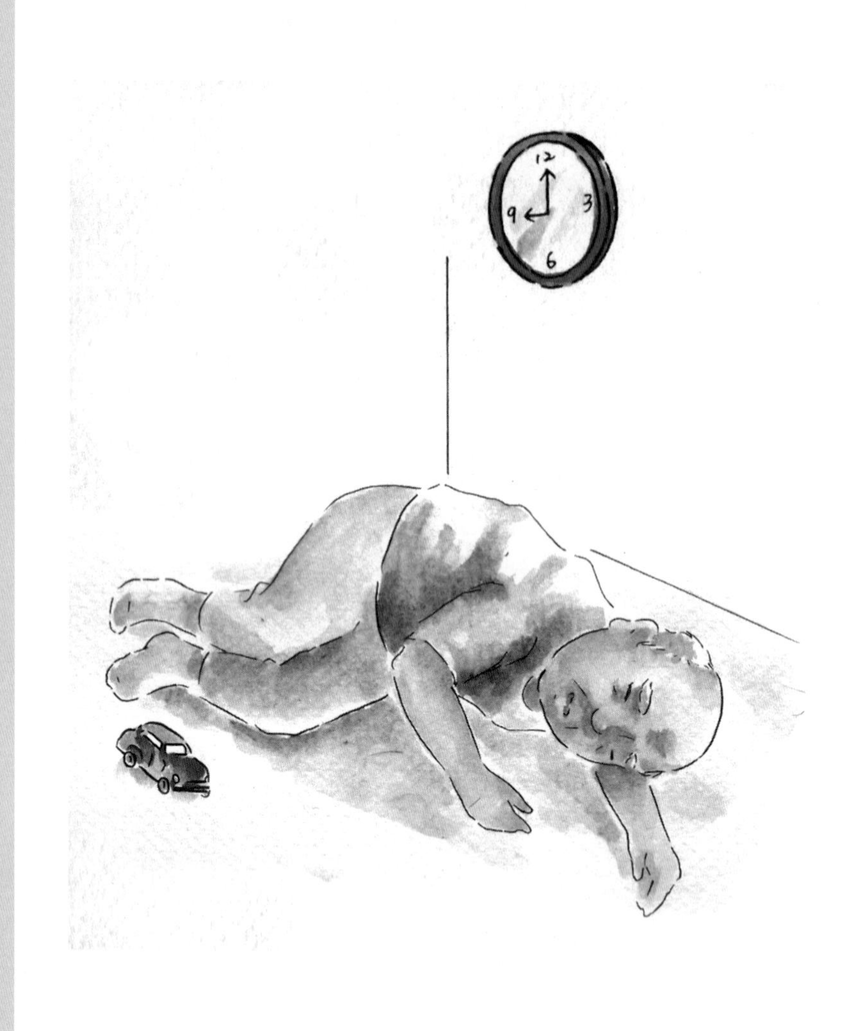
12
3
6
9

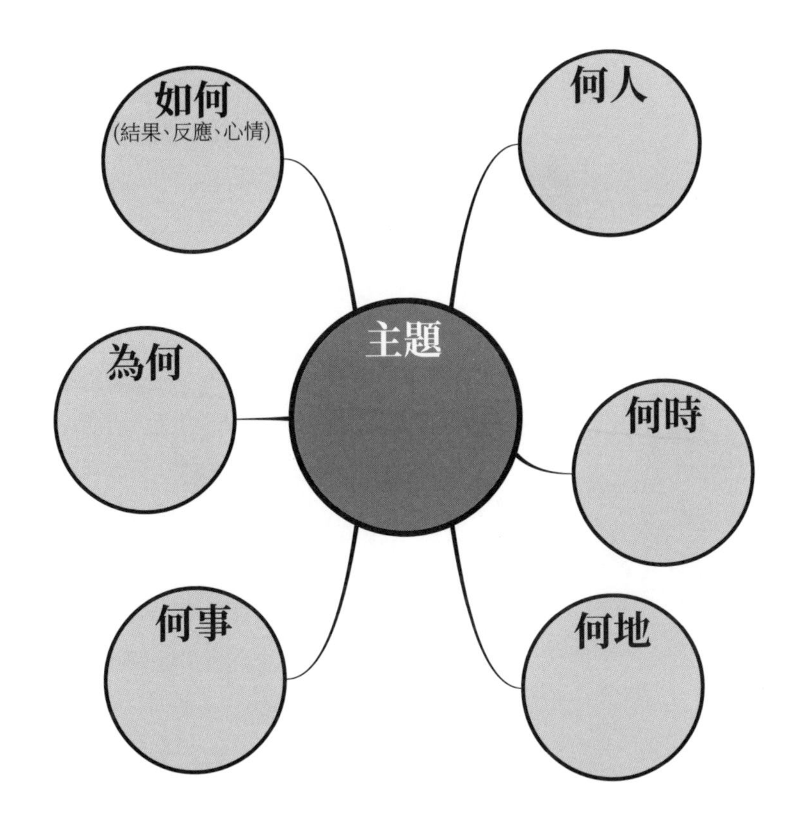
如何
(結果、反應、心情)
何人
主題
為何
何時
何事
何地

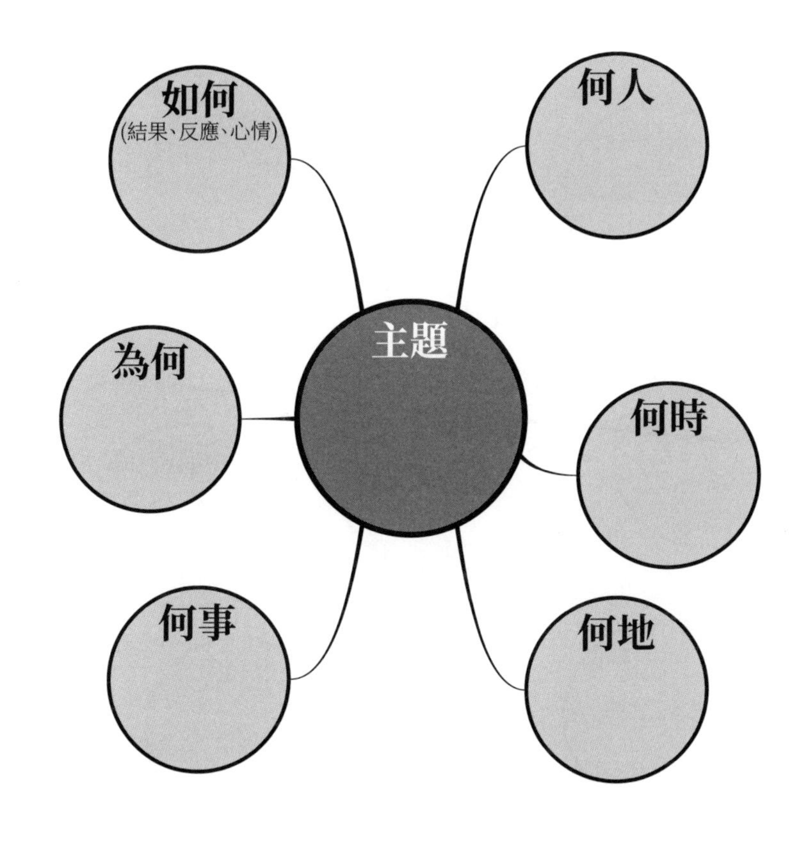
如何
(結果、反應、心情)
何人
主題
為何
何時
何事
何地

◎動手試一試（2）：用六何法敘述經歷

想一件最近發生的事，將事件的資訊填進六何表中，並自行擴充延伸圈。完成後，試著用文字描述下來。

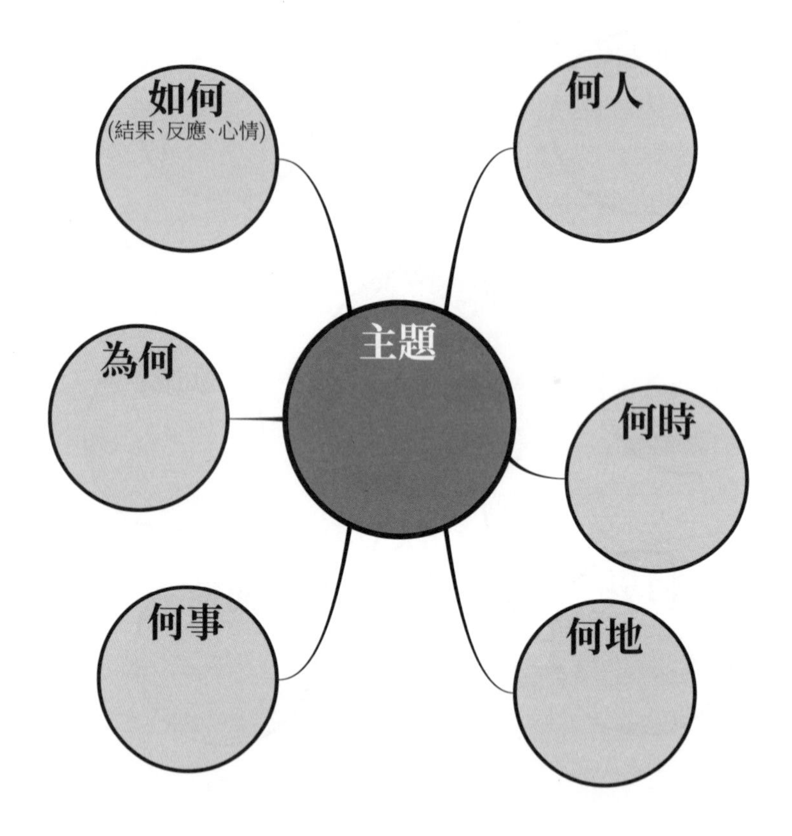

★「六何表」可掃描 QRcode 下載。

試試看，把剛剛完成的六何表，完整的敘述出來。

「說」清楚，講「明」白，畫對重點的小幫手

◎動手試一試（1）：說明書的說明書

讓孩子選一項他有興趣的產品，找到它的說明書（如果有外盒或包裝更好），帶孩子找到產品特點與注意事項，完成以下這一張〈說明書的說明書〉。

〈說明書的說明書〉			
產品名稱：＿＿＿＿＿＿＿＿			
特點	可以解決什麼問題？	注意事項	為什麼要特別留意？
1. ＿＿＿＿		1. ＿＿＿＿	

特點	可以解決什麼問題？	注意事項	為什麼要特別留意？
2. ______ ______	______ ______ ______ ______ ______	2. ______ ______ ______ ______	______ ______ ______ ______ ______
3. ______ ______	______ ______ ______ ______ ______	3. ______ ______ ______ ______	______ ______ ______ ______ ______
4. ______ ______	______ ______ ______ ______ ______	4. ______ ______ ______ ______	______ ______ ______ ______ ______

★「說明書的說明書」可掃描 QRcode 下載。

◎動手試一試（2）：看說明，寫說明書

下面有兩樣東西的製作說明，帶孩子讀過以後，再讓他親自動手做做看。最後，以條列式寫成說明書。

A、傳聲筒製作說明

今天的自然課，老師教大家做傳聲筒。喬喬回家後，立刻準備好材料，想要教弟弟小健做，她說：

先在一個紙杯的下面鑽一個洞，然後把棉線由下往上穿過去。把牙籤切一半，把線綁在一半的牙籤上，讓線不要跑出來。然後拿另外一個紙杯，在下面鑽一個洞，把棉線穿過去，把線綁在一半的牙籤上。然後，兩個人各拿一個紙杯，把線拉緊緊的。然後就可以對著紙杯講話，另外一個人就可以聽到了。

聽完姊姊的描述後，小健還是不知道怎麼做。請你試著把喬喬的描述，改寫成說明書，讓小健知道怎麼做傳聲筒。

〈傳聲筒說明書〉

1. ______________________________

2. ______________________________

3. ______________________________

4. ____

5. ____

提示：

1. 一個步驟寫一條。

2. 如果出現一樣的步驟，寫在同一條就可以了。

3. 刪掉不必要的連接詞，例：然後、就……。

B、醬油蛋食譜

宸宸很喜歡烹飪，家人都叫他「阿宸師」。宸宸的拿手菜是「醬油蛋」，每次這道菜一上桌，馬上盤底朝天。隔壁的王媽媽知道後，跟宸宸要食譜。宸宸雖然很會做醬油蛋，但是不會寫食譜。以下是他的口頭描述，請幫它寫出醬油蛋的食譜。

看你要吃幾顆蛋，隨便你。敲一敲蛋殼，把蛋黃、蛋白倒到碗裡，然後拿筷子攪拌到全部散開。在鍋子裡加一些油，熱一熱，大概二十秒後，把蛋液倒進鍋中。然後等到蛋的外圍都變比較熟以後，再翻一翻、炒一炒。接下來，倒醬油膏下去，然後再炒一炒。把醬油膏炒到沒有一邊深一邊淺就可以了。

〈醬油蛋食譜〉

1. ______________________________

2. ______________________________

3. ______________________________

4. ______________________________

5. ______________________________

善用圖表，藏在時間細節裡的拖延魔鬼通通見光死

◎動手試一試（1）：日常作息時間百分比圖

以一週為範圍，帶小朋友算出做每件事所佔的時間百分比後完成〈日常作息時間列表〉後，再讓他們動手畫出「日常作息時間百分比圖」。

〈日常作息時間列表〉

事情	小時	%	事情	小時	%

★「日常作息時間列表」可掃描 QRcode 下載。

〈日常作息時間百分比圖〉

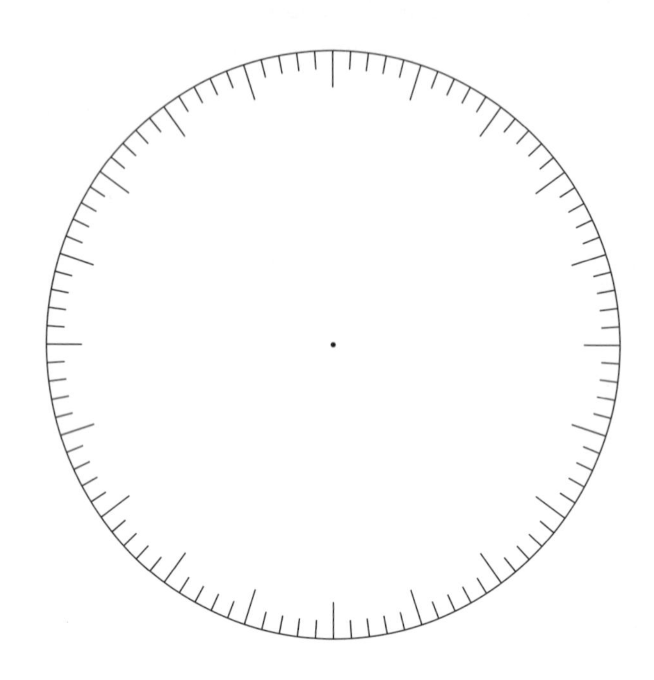

★「日常作息時間百分比圖」可掃描 QRcode 下載。

◎動手試一試（2）：一週作息時間檢核表

根據「日常作息時間百分比圖」，引導小朋友完成「一週作息時間檢核表」。

〈一週作息時間檢核表〉							
花太多時間做的事				花太少時間做的事			
（　　）	目前進行時間 ______hr (____%)	理想進行時間 ______hr (____%)	省下時間 ______hr	（　　）	目前進行時間 ______hr (____%)	理想進行時間 ______hr (____%)	增加時間 ______hr
	原因與改善方法： ______ ______ ______ ______ ______				原因與改善方法： ______ ______ ______ ______ ______		

<table>
<tr><th colspan="4">花太多時間做的事</th><th colspan="4">花太少時間做的事</th></tr>
<tr><td rowspan="2">（ ）</td><td>目前進行時間
______hr
(____%)</td><td>理想進行時間
______hr
(____%)</td><td>省下時間
______hr</td><td rowspan="2">（ ）</td><td>目前進行時間
______hr
(____%)</td><td>理想進行時間
______hr
(____%)</td><td>增加時間
______hr</td></tr>
<tr><td colspan="3">原因與改善方法：
______
______
______
______
______</td><td colspan="3">原因與改善方法：
______
______
______
______
______</td></tr>
<tr><td colspan="8">總計省下時間：______hr</td></tr>
</table>

★「一週作息時間檢核表」可掃描 QRcode 下載。

用計畫書鍛造意志，完成壯志，向虎頭蛇尾的人生說再見

◎動手試一試：我的計畫書

引導孩子完成這一份計畫書。

〈____________________計畫書〉

1. 計畫動機

____

____

____

2. 計畫目標

(1) ____

(2) ____

(3) ____

3. 實施方法

(1) ____________________

(2) ____________________

(3) ____________________

4. 計畫執行時程及進度

(1)〈甘特圖〉

計畫內容	每週進度	年　月				年　月			
		第 1 週	第 2 週	第 3 週	第 4 週	第 1 週	第 2 週	第 3 週	第 4 週

★「甘特圖」可掃描 QRcode 下載。

⑵〈一週時數規劃表〉

時間起迄：

任務 1：

任務 2：

任務 3：

星期 / 時段	一 (/)			二 (/)			三 (/)			四 (/)			五 (/)			六 (/)			日 (/)		
	1	2	3	1	2	3	1	2	3	1	2	3	1	2	3	1	2	3	1	2	3
8																					
9																					
10																					
11																					
12																					
13																					
14																					
15																					
16																					
17																					
18																					
19																					
20																					
21																					
22																					
是否達成																					
未達成說明理由																					

★「一週時數規劃表」可掃描 QRcode 下載。

5. 檢討報告

空間描寫怎麼寫？就從「抓漏」開始啦！

◎動手試一試（1）：小娟的居家改造計畫

以下這一張是小娟的〈居家修繕／改善單〉，她只完成了部分，請幫她把剩餘的部分完成。

〈居家修繕／改善單〉 請修者：陳小娟			
發現時間	兩個月前	修繕／改善項目	鞋櫃亂七八糟
狀況描述			
預期成果	鞋櫃上的鞋子整整齊齊的排放，而且除了鞋子之外，沒有其他雜物。		
建議修繕／改善方法	1. 換一個大一點的鞋櫃。 2. ________________ 3. ________________		
爸媽的回覆	媽媽：陽台的空間太小，很多東西沒地方放，只好暫時放在鞋櫃上。我們可以去買一些架子釘在牆壁上，專門放雜物，這樣就不用全部堆在鞋櫃上啦！		

<table>
<tr><td colspan="2">修繕／改善前、後對比照片</td></tr>
<tr><td></td><td></td></tr>
<tr><td>修繕／改善
滿意度</td><td>☆☆☆☆☆</td></tr>
<tr><td>修繕／改善
成果</td><td></td></tr>
</table>

◎動手試一試（2）：我的〈居家空間概況表〉

你確定你的孩子真的認識自己的家嗎？先讓他回想一下，然後說說看，家裡有哪些場所？然後再帶他實際走一走、看一看，檢查一下漏掉了什麼？接下來，動腦想想這些場所的用途與特色，以及它的缺點。親子一同完成下面這一張〈居家空間概況表〉：

〈居家空間概況表〉

	場所	用途與特色	缺點
1.			
2.			
3.			
4.			
5.			
6.			
7.			
8.			
9.			
10.			

★「居家空間概況表」可掃描 QRcode 下載。

◎動手試一試（3）：我的〈居家修繕 / 改善單〉

根據〈居家空間概況表〉，看看哪裡需要修繕或改善，寫在下面的〈居家修繕 / 改善單〉中，全家集思廣益，共同創造更美好的生活環境。

〈居家修繕／改善單〉　　請修者：________			
發現時間		修繕／改善項目	
狀況描述			
預期成果			
建議 修繕／改善 方法	1. ________ 2. ________ 3. ________		
爸媽的回覆			

修繕／改善前、後對比照片或圖片	
修繕／改善滿意度	☆☆☆☆☆
修繕／改善成果	

★「居家修繕 / 改善單」可掃描 QRcode 下載。

「路痴救星」幫孩子建構方向感與地理概念，空間描寫功力再升級

◎動手試一試（1）：從小美家到麵包店

孫小美家附近有一間麵包店，那裡賣的甜甜圈非常好吃。以下是小美所寫的路線說明，請根據她的說明，畫出路線圖。

走出我家大門右轉，左手邊是國小，沿著錦明路二段112巷1弄直走到底，約五分鐘，就會到萬福路。看到萬福路後右轉直走到廣南路二段，你會在轉角看到一個小公園。再右轉直走，沿路會經過小胖雞排、7-11，以及麥當勞……等店面。走五分鐘後，來到一個十字路口，橫的那條是廣南路二段45巷。過馬路後，就會看到麵包店在轉角，非常明顯。

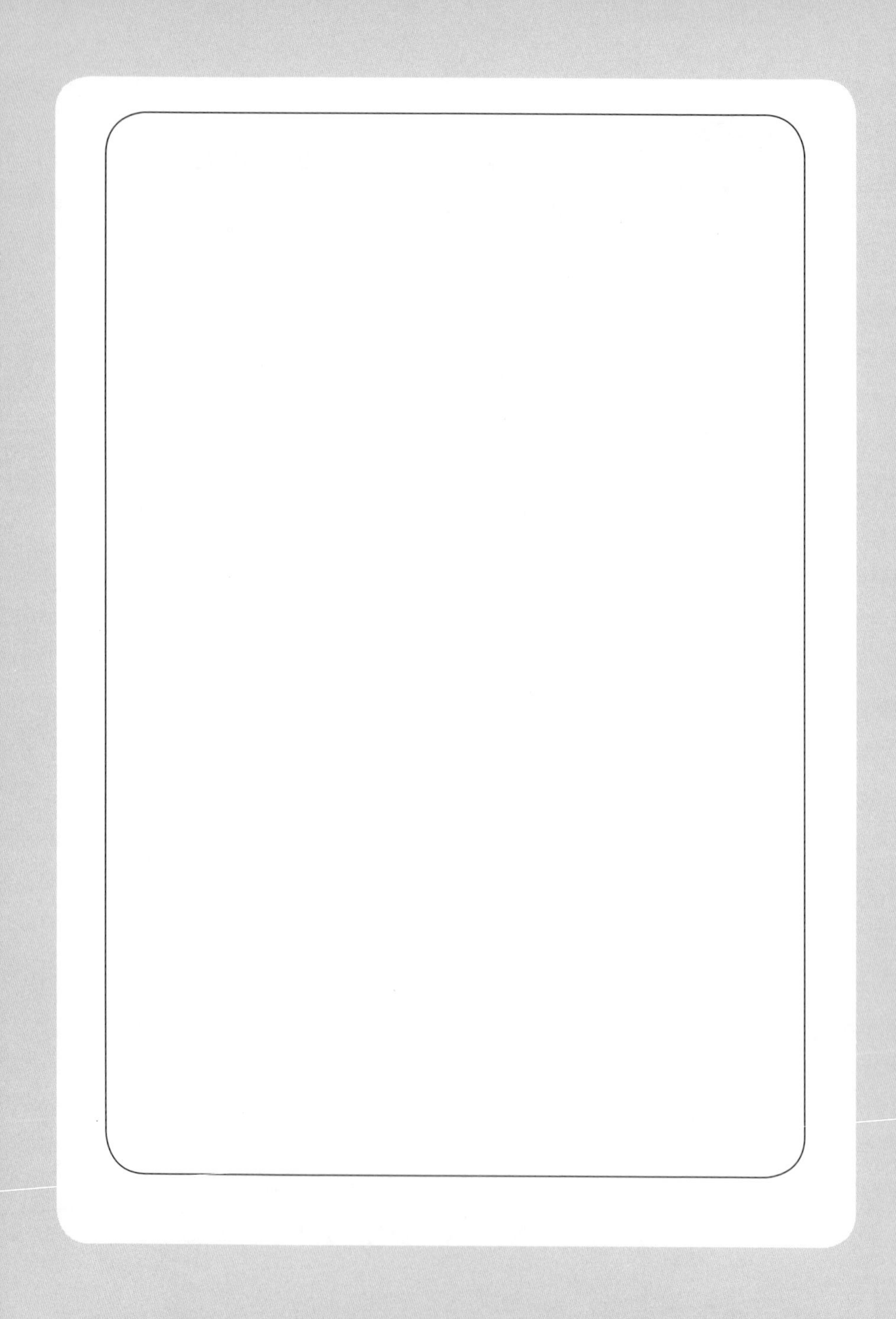

◎動手試一試（2）：我的路線圖

跟孩子一起討論，設定一個住家附近的目的地，將路線圖畫在紙上。畫完後，別忘了帶孩子上街走一趟，增補路線圖，然後繼續探索不熟悉的路徑，將路線圖擴充到四通八達的地步。

◎動手試一試（3）：行前準備

準備好讓你的孩子自己上學去了嗎？別緊張，只要帶著他們完成這一張〈路線說明表〉，自個兒上學沒煩惱。

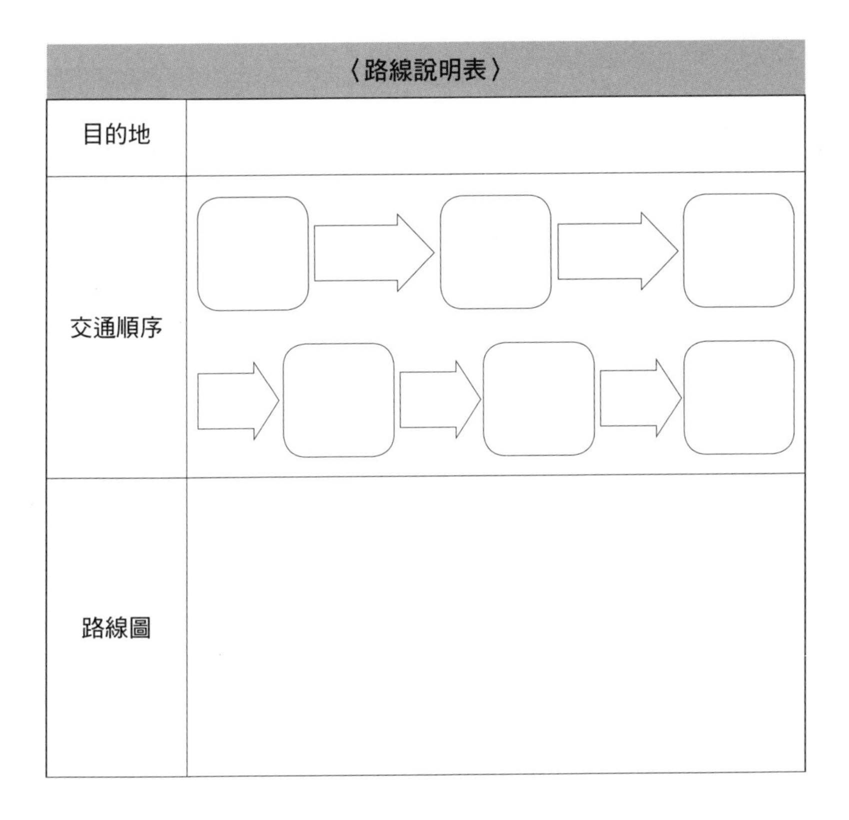

〈路線說明表〉	
目的地	
交通順序	
路線圖	

所需時間		出門時間	
注意事項	1. ______ 2. ______ 3. ______		

★「路線說明表」可掃描 QRcode 下載。

孩子不會寫遊記?!你真的有讓他「參與」旅遊嗎？

◎動手試一試（1）：告訴我，你到底有多想去那裡玩？

出發前，和孩子一起搜尋旅遊資訊，請他們依照想去某景點的程度，填入表格中，並且說明到那裡要進行的活動。如果發現同一個欄位中的活動內容太接近的話，就要懂得取捨哦。

〈景點渴望度等級表〉　目的地：＿＿＿＿＿＿

超想去玩 ★★★★★	普通想玩 ★★★	可以不玩 ★
景點：＿＿＿＿＿＿ 活動：＿＿＿＿＿＿	景點：＿＿＿＿＿＿ 活動：＿＿＿＿＿＿	景點：＿＿＿＿＿＿ 活動：＿＿＿＿＿＿
景點：＿＿＿＿＿＿ 活動：＿＿＿＿＿＿	景點：＿＿＿＿＿＿ 活動：＿＿＿＿＿＿	景點：＿＿＿＿＿＿ 活動：＿＿＿＿＿＿
景點：＿＿＿＿＿＿ 活動：＿＿＿＿＿＿	景點：＿＿＿＿＿＿ 活動：＿＿＿＿＿＿	景點：＿＿＿＿＿＿ 活動：＿＿＿＿＿＿

★「景點渴望度等級表」可掃描 QRcode 下載。

◎動手試一試（2）：按圖「寫記」

找一張白紙，將最近的旅遊行程用〈心智圖〉繪製出來，可用「時間」或是「地點」來分類。不想用〈心智圖〉的話，也可以使用〈導覽圖〉來輔助書寫。

◎動手試一試（3）：一節一照片，輕鬆寫遊記

這次的旅途一定留下了許多珍貴的照片，請帶小朋友這些照片中挑選有代表性的一到三張，貼在空格中，分為一到三節，然後試著敘述一下照片中的事件。敘述完後，別忘了請他們替每一個小節訂一個題目哦。

遊記名：＿＿＿＿＿＿＿＿＿＿

開頭：

＿＿＿＿＿＿＿＿＿＿＿＿＿＿＿＿＿＿＿＿＿＿＿＿＿＿＿＿＿＿

＿＿＿＿＿＿＿＿＿＿＿＿＿＿＿＿＿＿＿＿＿＿＿＿＿＿＿＿＿＿

＿＿＿＿＿＿＿＿＿＿＿＿＿＿＿＿＿＿＿＿＿＿＿＿＿＿＿＿＿＿

第一節：＿＿＿＿＿＿＿＿＿＿

（照片黏貼處）

第二節：____________________

（照片黏貼處）

第三節：____________

（照片黏貼處）

孩子用「一哭二鬧三打滾」的耍賴絕招逼你妥協?!與其說氣話，不如鼓勵他寫企劃

◎動手試一試（1）：新的好？還是舊的好？

小朋友想買新玩具，但類似的玩具已經有很多了。我們可以利用〈新舊比較表〉引導孩子從不同角度觀察，比較新、舊玩具的差別，填入表格中。

【新舊比較表】　產品：＿＿＿＿＿＿

特色＼新舊	舊	新
外型		
價格		
安全性		

★「新舊比較表」可掃描 QRcode 下載。

◎動手試一試（2）：用企劃打造溝通橋梁

想一想，孩子最近有什麼願望或要求？告訴他：「只要耐著性子完成這一份企劃書，我一定會認真考慮哦！」

企劃名稱：	
提案人	
對象	
動機	____________________ ____________________
好處	1.
	2.
可能遇到的問題	1.
	2.
解決方法	1.
	2.
提案是否通過？ （家長填寫）	是□　否□ 如果未通過，請說明理由：

★「企劃書」可掃描 QRcode 下載。

先別管「閱讀」了，你確定孩子知道什麼是「心得」嗎？

◎動手試一試（1）：看新聞，寫大意

爸媽帶小朋友練習寫閱讀心得，最好先從簡短的文章或故事開始練起，才不會給他們帶來太大壓力。我們來進行以下的練習：

擺在桌上的飲料不小心被打翻了，弄溼報紙，這一則新聞的第一段變得很模糊。請你根據以下幾段的內容，填入六何表中，並重新幫這則新聞寫第一段的「大意」吧。

錦鯉莫名死光 真兇竟是「魚怪」作祟

2019 年 3 月 4 日　下午 8:35

（前略）據陸媒報導，廣州番禺區一處私人人工湖，原本湖中養了大量錦鯉，日前發生魚類數量銳減的怪事，最後物管公司人員發現，兇手竟是湖中一條身長 1 公尺的怪魚作祟，上個月 28 日一名管理人員看到怪魚現身，立即拿了工具下水，跟牠搏鬥了 10 多分鐘，最後成功「討伐魚怪」，將其拖上岸。

經過專家鑑定，這條吃魚的真兇是有「淡水殺手」之稱的外來物種福鱷（又名鱷雀鱔），福鱷屬肉食性動物，外行與鱷魚類似，生性兇猛且能以所有魚類為食，且離開水的情況下還能在陸上存活兩小時以上的時間，如果沒有及時除去，勢必造成生態的破壞。（編輯：陳亦凡）

——三立新聞網，〈錦鯉莫名死光 真兇竟是「魚怪」作祟〉（2019/02/28）。https://is.gd/FfHf2U，2019 年 3 月 2 日瀏覽

試試看，用「六何法」來拆解這則新聞。

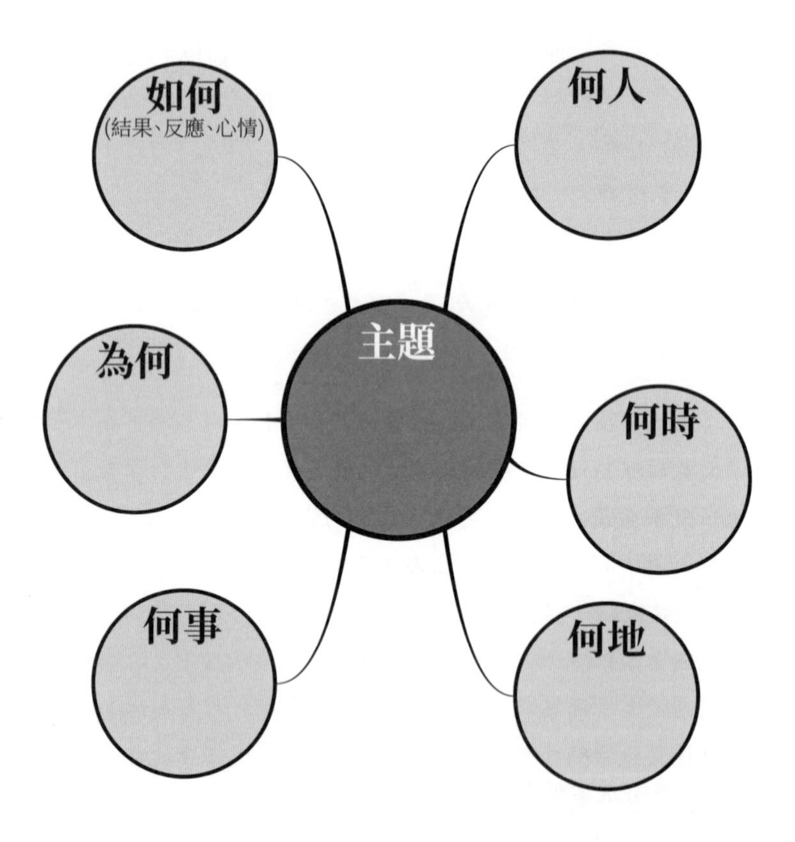

完成六何表後，現在，我們來為這則新聞重寫第一段吧。

____

____

____

____

◎動手試一試（2）：你畫對重點了嗎？

總結很簡單，就是「事實＋看法」而已，例：「總而言之，這次的園遊會，各式各樣的活動都有（事實），我覺得辦得比過去的園遊會都還要精采（看法）！」或「總之，妹妹功課沒寫完還撒謊，終於把媽媽惹怒（事實），我認為她是罪有應得（看法）。」

以下是陳天福的週記，看完之後，請用一句話來幫他的週記作總結。

陳天福的週記（108/04/12）

前兩天，我差一點跟我的好麻吉蔡頭翻臉，但我其實一點也不後悔，還有點慶幸呢！

那天，數學老師不知道吃錯了什麼藥，一上課就說要抽考，然後就在全班的哀求聲中，發下考卷。「怎麼辦？怎麼辦？」坐我旁邊的蔡頭一直緊張兮兮地嘀咕。「不然能怎樣，」我轉頭瞪他一眼說：「我也沒準備呀，別再鬼叫了！」

拿到考卷，我發現幾乎有一半的題目都不會寫，我只好把會寫的題目寫完後，開始發呆。蔡頭大概以為我全部都會寫，湊過來說：「小福，借我看一下啦！」我知道作弊是不對的行為，況且這次考試我根本也沒把握，所以不打算幫他作弊，任憑他怎麼叫我，我都假裝沒聽到。蔡頭最後急了，比出切八段的手勢，威脅要跟我絕交。「還是借他看一下就好……」我心裡開始有一點猶豫，但最後還是克制住，沒有給他看。

「蔡建成，你在跟鬼講話哦，要不要去收驚？」老師的聲音從後面傳來，原來他在我們不知不覺間，已經走到教室後方了，我心想：「好險剛剛沒作弊，不然一定被抓包！」蔡頭應該也是這麼想的，於是便不再騷擾我了。

總而言之，____________________

◎動手試一試（3）：如果不是這樣，那會怎樣？

掌握大意後，我們試著用「逆向思考法」來提問，試著想想如果是相反的情況，那會怎麼樣呢？我們可以問：

1. ____________________

2. ____________________

◎動手試一試（4）：說說你的見聞

爸媽動腦想一想，自己是否有類似的經驗：別人找你一起做壞事，最後你是接受還是拒絕？

跟孩子分享後，請他們想一想自己的親身經歷。先說說看，再把它寫下來。

國家圖書館出版品預行編目（CIP）資料

我是說在座的各位爸媽-都是作文老師！/ 洪俊彥著. -- 初版. -- 臺北市：蔚藍文化, 2019.10
面；　公分
ISBN 978-986-5504-02-1(平裝)

1.育兒 2.親職教育 3.作文

428.83　　108016181

我是說在座的各位爸媽——都是**作文老師**！

作　　者／洪俊彥
社　　長／林宜澐
總 編 輯／廖志墭
插　　圖／郭懿萱
編　　輯／王威智
封面設計／李亮槺
封面繪圖／黃郁菱
內文排版／藍天圖物宣字社

出　　版／蔚藍文化出版股份有限公司
　　　　　地址：10667臺北市大安區復興南路二段237號13樓
　　　　　電話：02-7710-7864 傳真：02-7710-7868
　　　　　臉書：https://www.facebook.com/AZUREPUBLISH/
　　　　　讀者服務信箱：azurebks@gmail.com
總 經 銷／大和書報圖書股份有限公司
　　　　　地址：24890新北市新莊市五工五路2號
　　　　　電話：02-8990-2588
法律顧問／眾律國際法律事務所　著作權律師／范國華律師
　　　　　電話：02-2759-5585
　　　　　網站：www.zoomlaw.net

印　　刷／世和印製企業有限公司
定　　價／臺幣280元
初版一刷／2019年10月

ISBN：978-986-5504-02-1（平裝）